もくじ

東京書籍版　数学１年

テストの範囲や学習予定日をかこう！

学習計画	
出題範囲	学習予定日
5/14 テストの日	5/10
	5/11

0章 算数から数学へ
1章［正負の数］数の世界をひろげよう

0章1節 整数の性質　1章1節 正負の数

テストに出る！ 教科書のココが要点

さらっとまとめ（赤シートを使って，□に入るものを考えよう。）

1 整数の性質 教 p.10～p.13

・1以上の整数を 自然数 という。 注 0は整数だが，自然数ではない。

・1とその数自身の積でしか表せない自然数を 素数 という。

2 符号のついた数 教 p.20～p.22

・0より大きい数を 正の数 という。 例 +3 →「プラス3」と読む。

・0より小さい数を 負の数 という。 例 −7 →「マイナス7」と読む。

・反対の性質をもつ量は，正の数，負の数を使って表すことができる。 例 収入⇔ 支出

3 数の大小と絶対値 教 p.23～p.25

・不等号 ㊒小 ＜ ㊒大　㊒大 ＞ ㊒小　※3つの数のときは，㊒小 ＜ ㊥ ＜ ㊒大

・数直線上で，ある数に対応する点と原点との距離を，その数の 絶対値 という。

スピード確認（□に入るものを答えよう。答えは，下にあります。）

1

□ 正の整数を ① という。

□ 70 を 70＝2×5×7 のように，② だけの積で表すことを，③ という。

2

□ −17 のような 0 より小さい数を ④ という。

□ 400 円の利益を +400 円と表すとき，400 円の損失を ⑤ と表す。

★利益と損失は反対の性質を表している。

□ 地点Aから南へ 200 m 移動することを +200 m と表すとき，地点Aから北へ 200 m 移動することを ⑥ と表す。

3

□ 下の数直線について，答えなさい。

←負の方向　小さくなる　⑦　大きくなる　正の方向→

−4　⑧　−2　−1　0　+1　⑨　+3　+4

□ 各組の数の大小を，不等号を使って表しなさい。

+2 ⑩ −3　　−4 ⑪ −1

★数の大小は，数直線をイメージして考えるとよい。

□ +2 の絶対値は 2 で，−7 の絶対値は ⑫ である。

★絶対値を考えるときは，その数の符号をとればよい。

①＿＿＿＿
②＿＿＿＿
③＿＿＿＿
④＿＿＿＿
⑤＿＿＿＿
⑥＿＿＿＿
⑦＿＿＿＿
⑧＿＿＿＿
⑨＿＿＿＿
⑩＿＿＿＿
⑪＿＿＿＿
⑫＿＿＿＿

答 ①自然数　②素数　③素因数分解　④負の数　⑤−400 円　⑥−200 m　⑦原点　⑧−3　⑨+2　⑩＞　⑪＜　⑫7

基礎力UP テスト対策問題

1 素数，素因数分解　次の問に答えなさい。

(1)　1 から 10 までの整数のうち，素数をすべて答えなさい。

(2)　12，42 をそれぞれ素因数分解したとき，□にあてはまる数を答えなさい。

$12=2\times2\times\square$　　　$42=2\times\square\times7$

2 符号のついた数　次の数量を，正の数，負の数を使って表しなさい。

(1)　現在より 2 時間後のことを +2 時間と表すとき，3 時間前のこと。

(2)　ある品物の重さが基準の重さより 5 kg 軽いことを −5 kg と表すとき，12 kg 重いこと。

3 数直線，数の大小　次の問に答えなさい。

(1)　下の数直線で，点 A，B，C，D に対応する数を答えなさい。また，次の数に対応する点をしるしなさい。

+4，−3，+2.5，−4.5

D(　　)　C(　　)　B(　　)　A(　　)

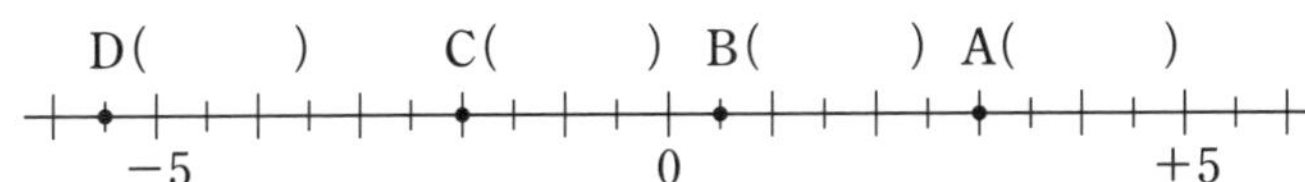

(2)　次の各組の数の大小を，不等号を使って表しなさい。

①　−3，−5　　　②　+5，−7，−4

(3)　数直線上で，−2.7 にもっとも近い整数を答えなさい。

4 絶対値　次の問に答えなさい。

(1)　次の数の絶対値を答えなさい。

①　−9　　②　+2.5　　③　−7.2　　④　−3.8

(2)　絶対値が 5 である数を答えなさい。

(3)　絶対値が 4.5 より小さい整数は全部で何個ありますか。

テスト対策ナビ

1 (1)　約数が 1 とその数自身しかない自然数が素数。

(2)　○の部分に注目する。

2 反対の性質をもつ量だから，正の数，負の数を使って表せる。

(1)　「後」⇔「前」

(2)　「軽い」⇔「重い」

ポイント

整数や小数，分数などの数は，数直線上に表すことができ，右にある数ほど大きく，左にある数ほど小さい。

ミス注意！

3 つの数の大小を不等号で表すときは，「㊫<㊥<㊊」または「㊊>㊥>㊫」と表す。

負の数の大小や絶対値の問題は数直線をかいて判断しよう。

テストに出る！

予想問題

0章 算数から数学へ　1章［正負の数］数の世界をひろげよう
1節 整数の性質　1節 正負の数

🕓20分　/12問中

1 素因数分解　165 を右のようにして素因数分解しました。
同じようにして，78 を素因数分解しなさい。

$$\begin{array}{r} 3\,\underline{)\,165} \\ 5\,\underline{)\ \ 55} \\ 11 \end{array}$$

$165 = 3\times5\times11$

2 よく出る　正負の数　次の問に答えなさい。

(1) 0°C を基準にして，それより高い温度は＋，低い温度は－を使って表しなさい。

① 0°C より 6°C 低い温度　　② 0°C より 3.5°C 高い温度

(2) 地点Aから東へ 500 m 移動することを ＋500 m と表すことにすれば，次のことは，それぞれどんな移動を表していますか。

① ＋800 m　　② －300 m

3 数の大小　次の各組の数の大小を，不等号を使って表しなさい。

(1) $-5,\ +3$　　(2) $+0.4,\ 0,\ -0.04$　　(3) $-0.3,\ -\frac{1}{4},\ -\frac{2}{5}$

4 数直線と絶対値　次の 8 つの数について，下の問に答えなさい。

$-2\quad +\frac{2}{3}\quad -2.3\quad 0\quad -\frac{5}{2}\quad +2\quad -0.8\quad +1.5$

(1) もっとも小さい数を答えなさい。

(2) 絶対値が等しいものはどれとどれですか。

(3) 絶対値が小さいほうから 2 番目の数を答えなさい。

(4) 絶対値が 1 より小さい数は全部で何個ありますか。

4 分数は小数になおして考える。　$+\frac{2}{3}=+0.66\cdots,\ -\frac{5}{2}=-2.5$

2節 加法と減法　3節 乗法と除法　4節 正負の数の利用

テストに出る！ 教科書のココが要点

さらっとまとめ（赤シートを使って，□に入るものを考えよう。）

1 加法と減法 教 p.27〜p.37

・正の数，負の数をひくことは，その数の［符号］を変えて加えることと同じである。

例 $3-(+2)=3+(-2)$　　$3-(-2)=3+(+2)$

・正負の数の加法と減法の混じった計算は，項を書き並べた式にしてから計算する。

2 乗法と除法 教 p.39〜p.49

・積の符号　負の数が奇数個→［−］　例 $(-2)\times(-3)\times(-4)=-24$

　　　　　　負の数が偶数個→［＋］　例 $(-2)\times(-3)\times4=+24$

・同じ数をいくつかかけたものを，その数の［累乗］という。　例 $5\times5\times5=5^3$ ←［指数］

・正負の数でわることは，その数の［逆数］をかけることと同じである。

3 四則の混じった計算 教 p.50〜p.51

・累乗やかっこの中の計算 ⇒ 乗除の計算 ⇒ 加減の計算 の順に計算する。

スピード確認（□に入るものを答えよう。答えは，下にあります。）

1

□ $(-2)+(-5)=-(2+5)=$ ①

★同符号の2つの数の和は，絶対値の和に共通の符号をつける。

□ $(-2)+(+5)=+(5-2)=$ ②

★異符号の2つの数の和は，絶対値の大きいほうから小さいほうをひき，絶対値の大きいほうの符号をつける。

□ $(+4)-(+7)=(+4)+(-7)=-(7-4)=$ ③

□ $2+(-6)-8-(-3)=2-6-8$ ④

$=2+3-6-8=5-$ ⑤ $=$ ⑥

2

□ $(-2)\times(-5)=+(2\times5)=$ ⑦

★2つの数の積の符号　$(+)\times(+)\to(+)$　$(-)\times(-)\to(+)$　$(+)\times(-)\to(-)$　$(-)\times(+)\to(-)$

□ $(-4)\times(-13)\times(-5)=-(4\times5\times13)=$ ⑧

□ $(-2)^2=$ ⑨　　□ $-2^2=$ ⑩　　□ $(-2)^3=$ ⑪

★$(-2)^2=(-2)\times(-2)$　★$-2^2=-(2\times2)$　★$(-2)^3=(-2)\times(-2)\times(-2)$

□ $(-10)\div(-5)=+(10\div5)=$ ⑫

★2つの数の商の符号　$(+)\div(+)\to(+)$　$(-)\div(-)\to(+)$　$(+)\div(-)\to(-)$　$(-)\div(+)\to(-)$

①＿＿＿
②＿＿＿
③＿＿＿
④＿＿＿
⑤＿＿＿
⑥＿＿＿
⑦＿＿＿
⑧＿＿＿
⑨＿＿＿
⑩＿＿＿
⑪＿＿＿
⑫＿＿＿

答 ①−7　②+3 (3)　③−3　④+3　⑤14　⑥−9　⑦+10 (10)　⑧−260　⑨+4 (4)　⑩−4　⑪−8　⑫+2 (2)

解答 p.2

基礎力UP テスト対策問題

1 加法と減法　次の計算をしなさい。

(1) $(-8)+(+3)$　(2) $(-6)-(-4)$

(3) $(+5)+(-8)+(+6)$　(4) $-6-(+5)+(-11)$

(5) $-9+3+(-7)-(-5)$　(6) $2-8-4+6$

2 乗法　次の計算をしなさい。

(1) $(+8)\times(+6)$　(2) $(-4)\times(-12)$

(3) $(-5)\times(+7)$　(4) $\left(-\frac{3}{5}\right)\times15$

3 累乗を使って表す　次の積を，累乗の指数を使って表しなさい。

(1) $8\times8\times8$　(2) $(-1.5)\times(-1.5)$

4 累乗の計算　次の計算をしなさい。

(1) $(-3)^3$　(2) -2^4

(3) $(-5)\times(-5^2)$　(4) $(5\times2)^3$

5 逆数　次の数の逆数を求めなさい。

(1) $-\frac{1}{10}$　(2) $\frac{17}{5}$　(3) -21　(4) 0.6

6 除法　次の計算をしなさい。

(1) $(+54)\div(-9)$　(2) $(-72)\div(-6)$

(3) $(-8)\div(+36)$　(4) $18\div\left(-\frac{6}{5}\right)$

テスト対策ナビ

ポイント

■＋(＋●)＝■＋●
■＋(－●)＝■－●
■－(＋●)＝■－●
■－(－●)＝■＋●

乗除だけの式の計算は，まず符号から考えよう。

絶対に覚える!

累乗　指数
$(-4)^2=(-4)\times(-4)$
⇒-4 を 2 個かける。
$-4^2=-(4\times4)$
⇒ 4 を 2 個かける。

2 乗を平方，3 乗を立方ともいうよ。

小数は分数になおしてから逆数を考えるよ。

解答 p.2

テストに出る!

予想問題 1

1章［正負の数］数の世界をひろげよう

2節 加法と減法　3節 乗法と除法 (1)

20分

/18問中

1 よく出る 加法と減法　次の計算をしなさい。

(1) $(+9)+(+13)$

(2) $(-11)-(-27)$

(3) $(-7.5)+(-2.1)$

(4) $\left(+\frac{2}{3}\right)-\left(+\frac{1}{2}\right)$

(5) $-7+(-9)-(-13)$

(6) $6-8-(-11)+(-15)$

(7) $-3.2+(-4.8)+5$

(8) $4-(-3.2)+\left(-\frac{2}{5}\right)$

(9) $2-0.8-4.7+6.8$

(10) $-1+\frac{1}{3}-\frac{5}{6}+\frac{3}{4}$

2 よく出る 乗法　次の計算をしなさい。

(1) $(+15)\times(-8)$

(2) $(+0.4)\times(-2.3)$

(3) $0\times(-3.5)$

(4) $\left(-\frac{2}{3}\right)\times\left(-\frac{3}{4}\right)$

3 計算のくふう　次の計算をしなさい。

(1) $4\times(-17)\times(-5)$

(2) $13\times(-25)\times4$

(3) $(-2)^4\times(-3)$

(4) $-3^2\times5\times(-4)$

1 負の数をたしたり，ひいたりするときに，符号のミスが起こりやすいので注意する。

3 (3) $(-2)^4=(-2)\times(-2)\times(-2)\times(-2)$　(4) $-3^2=-(3\times3)$ となることに注意する。

テストに出る！
予想問題 ②
1章［正負の数］数の世界をひろげよう
3節 乗法と除法 (2)

20分　/20問中

1 よく出る 除法 次の計算をしなさい。

(1) $(-108)\div 12$

(2) $0\div(-13)$

(3) $\left(-\frac{35}{8}\right)\div(-7)$

(4) $\left(-\frac{4}{3}\right)\div\frac{2}{9}$

2 よく出る 乗法と除法の混じった計算 次の計算をしなさい。

(1) $9\div(-6)\times(-8)$

(2) $(-96)\times(-2)\div(-12)$

(3) $-5\times 16\div\left(-\frac{5}{8}\right)$

(4) $18\div\left(-\frac{3}{8}\right)\times\left(-\frac{5}{16}\right)$

(5) $\left(-\frac{3}{4}\right)\times\frac{8}{3}\div 0.2$

(6) $-\frac{9}{7}\times\left(-\frac{21}{4}\right)\div\frac{27}{14}$

(7) $(-3)\div(-12)\times 32\div(-4)$

(8) $(-20)\div(-15)\times(-3^2)$

3 よく出る 四則の混じった計算 次の計算をしなさい。

(1) $4-(-6)\times(-8)$

(2) $-7-24\div(-8)$

(3) $6\times(-5)-(-20)$

(4) $(-1.2)\times(-4)-(-6)$

(5) $6.3\div(-4.2)-(-3)$

(6) $\frac{6}{5}+\frac{3}{10}\times\left(-\frac{2}{3}\right)$

(7) $\frac{6}{7}\div\frac{3}{14}-\left(-\frac{7}{8}\right)\times\left(-\frac{8}{9}\right)$

(8) $\frac{3}{4}\div\left(-\frac{2}{7}\right)-\left(-\frac{3}{2}\right)\times\frac{5}{4}$

成績UPナビ

3 四則（加法，減法，乗法，除法）の混じった計算では，次の順に計算する。
①かっこの中・累乗 ⇒ ②乗法・除法 ⇒ ③加法・減法

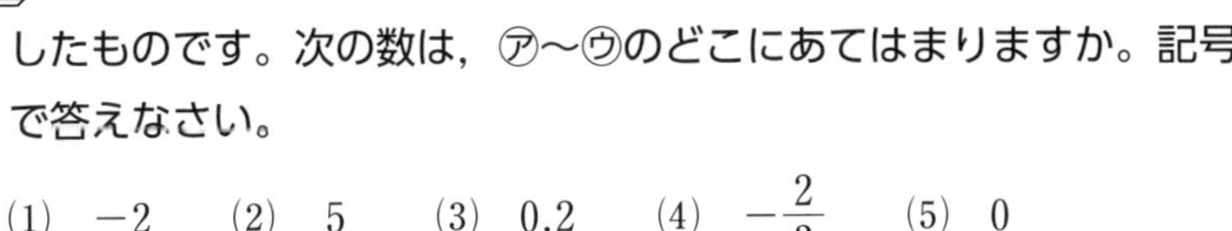

1章［正負の数］数の世界をひろげよう
3節 乗法と除法 (3)　4節 正負の数の利用

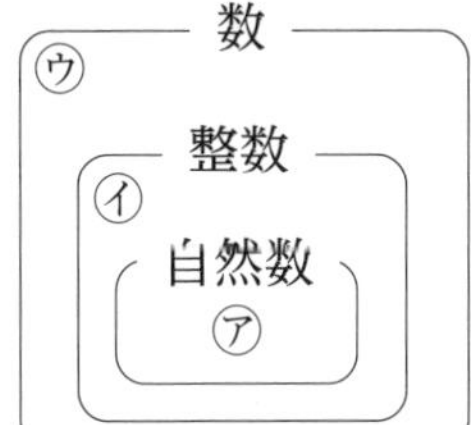

1 数の範囲　右の図は，集合として，自然数，整数，数の関係を表したものです。次の数は，㋐～㋒のどこにあてはまりますか。記号で答えなさい。

(1)　-2　　(2)　5　　(3)　0.2　　(4)　$-\frac{2}{3}$　　(5)　0

数 ㋒ ／ 整数 ㋑ ／ 自然数 ㋐

2 表の読みとり　右の表は，A～Fの6人の生徒の身長を，160 cm を基準にして，それより高い場合を正の数，低い場合を負の数で表したものです。

A	B	C	D	E	F
$+3$	-2	0	$+8$	-4	-6

(1)　Aの身長は何 cm ですか。

(2)　もっとも背が高い生徒ともっとも背が低い生徒の身長の差は何 cm ですか。

(3)　Dの身長を基準にしたときのEの身長を，Dより高い場合は正の数，低い場合は負の数で表しなさい。

3 正負の数の利用　右の表は，A，B，C，Dの4人が使ったノートの冊数を，クラスの人全員が使ったノートの冊数の平均を基準にして，それより多い場合を正の数，少ない場合を負の数で表したものです。Aが使ったノートの冊数を21冊とするとき，次の問に答えなさい。

A	B	C	D
-4	0	$+2$	-6

(1)　Aが使ったノートの冊数は，Cが使ったノートの冊数より何冊多いですか。

(2)　もっとも多く使った人ともっとも少なかった人との冊数の差は何冊ですか。

(3)　A，B，C，Dの4人が使ったノートの冊数の平均を求めなさい。

1 「自然数」は「正の整数」のこと。「整数」は「負の整数」，「0」，「正の整数」のこと。それ以外の数は「数」に分類する。

テストに出る!

章末予想問題

0章 算数から数学へ
1章 [正負の数] 数の世界をひろげよう

30分

/100点

1 次の問に答えなさい。

(1)2点, (2)4点×2〔10点〕

(1) 30から50までの整数のうち，素数をすべて答えなさい。

(2) 次の数を素因数分解しなさい。ただし，同じ素数の積は累乗の指数を使って表しなさい。

① 121

② 280

2 次の問に答えなさい。

3点×2〔6点〕

(1) 現在から5分後を $+5$ 分と表すことにすれば，10分前はどのように表されますか。

(2) 2000円の収入を $+2000$ 円と表すことにすれば，-2 万円はどのようなことを表していますか。

3 次の計算をしなさい。

4点×4〔16点〕

(1) $(-8)+(-5)-(-6)$

(2) $6-(-2)-11-(+7)$

(3) $-\frac{2}{5}-0.6-\left(-\frac{5}{7}\right)$

(4) $-1.5+\frac{1}{3}-\frac{1}{2}+\frac{1}{4}$

4 次の計算をしなさい。

4点×10〔40点〕

(1) $(-2)\times(-5)^2$

(2) $(-81)\div(-3^3)$

(3) $-12\div18\times(-4)$

(4) $-2^2\div(-1)^3\times(-3)$

(5) $4\times(-3)^2-32\div(-2)^3$

(6) $(-4)^2-4^2\times3$

(7) $-24\div\{(-3)^2-(8-11)\}$

(8) $16-(9-13)\times(-7)$

(9) $-\frac{2}{3}\times(-12)-(-3)\div\frac{1}{2}$

(10) $3\times(-18)+3\times(-32)$

解答 p.4

満点ゲット作戦

四則計算のしかたを整理しておこう。累乗の計算は，どの数を何個かけるのか確かめよう。例 $-4^2=-(4\times4)$，$(-4)^2=(-4)\times(-4)$

ココが要点を再確認　もう一歩　合格
0　70　85　100点

5 右の表では，縦，横，斜めの数の和がすべて等しくなります。

+2		
	−1	
	+3	−4

(1) 右の表を完成させなさい。　7点×2〔14点〕

(2) 表の中の9つの数の和を求めなさい。

6 差がつく 下の表は，A～Hの8人の生徒のテストの得点を，60点を基準にして，それより高い場合を正の数，低い場合を負の数で表したものです。　7点×2〔14点〕

A	B	C	D	E	F	G	H
+6	−8	+18	−5	0	−15	+11	−3

(1) 8人の得点について，基準との差の平均を求めなさい。

(2) 8人の得点の平均を求めなさい。

1	(1)		
	(2) ①	②	
2	(1)	(2)	
3	(1)	(2)	(3)
	(4)		
4	(1)	(2)	(3)
	(4)	(5)	(6)
	(7)	(8)	(9)
	(10)		
5	(1)	(2)	
6	(1)	(2)	

5 (1)

+2		
	−1	
	+3	−4

まちがえたら，解きなおそう！

1	/10点	2	/6点	3	/16点	4	/40点	5	/14点	6	/14点

2章 [文字と式] 数学のことばを身につけよう

1節 文字を使った式　2節 文字式の計算(1)

テストに出る！ 教科書のココが要点

さらっとまとめ (赤シートを使って，□に入るものを考えよう。)

1 文字と式 教 p.66〜p.72

・積の表し方のきまり…1 文字の混じった乗法では，記号 [×] をはぶく。 例 $2\times x=2x$

2 文字と数の積では，数を文字の [前] に書く。 例 $y\times 5=5y$

3 同じ文字の積は，累乗の [指数] を使って表す。 例 $a\times a=a^2$

・商の表し方のきまり…文字の混じった除法では，記号 [÷] を使わずに，分数の形で書く。 例 $x\div 5=\dfrac{x}{5}$

・式の値…式のなかの文字に数を [代入] して計算した結果のこと。

2 文字式の計算（加減） 教 p.74〜p.76

・係数…$2x$ という項で，数の部分 2 のこと。

・1 次式の計算…式のなかの同じ文字をふくむ項をまとめる。

スピード確認 (□に入るものを答えよう。答えは，下にあります。)

1

□ (1) 次の式を，文字式の表し方にしたがって表しなさい。

□ $b\times 3\times a=$ [①]　□ $(x+y)\times(-2)=$ [②]

□ $x\times y\times y\times y=$ [③]　□ $x\div(-4)=$ [④]

(2) 次の数量を，文字を使った式で表しなさい。

□ 1 個 x 円のりんごを 7 個買い，1000 円札を出したときのおつりは([⑤])円である。

□ 周の長さが a cm の正方形の 1 辺の長さは [⑥] cm である。

★正方形には，辺が 4 つある。

(3) $x=-3$ のとき，次の式の値を求めなさい。

□ $2x-5$…[⑦]　□ $4x^2$…[⑧]

★$2x-5=2\times(-3)-5$　★$4x^2=4\times(-3)^2=4\times(-3)\times(-3)$

2

□ $4a-9a=$ [⑨]　□ $2x-7+3x+5=$ [⑩]

□ $(5x-3)+(-x-4)=5x-3-x-4=$ [⑪]

□ $(-3a+2)-(4a-7)=-3a+2-4a+7=$ [⑫]

★ひくほうの式の各項の符号を変えて加える。

①＿＿＿
②＿＿＿
③＿＿＿
④＿＿＿
⑤＿＿＿
⑥＿＿＿
⑦＿＿＿
⑧＿＿＿
⑨＿＿＿
⑩＿＿＿
⑪＿＿＿
⑫＿＿＿

答 ①$3ab$ ②$-2(x+y)$ ③xy^3 ④$-\dfrac{x}{4}$ ⑤$1000-7x$ ⑥$\dfrac{a}{4}$ ⑦-11 ⑧36 ⑨$-5a$ ⑩$5x-2$ ⑪$4x-7$ ⑫$-7a+9$

解答 p.4

基礎力UP テスト対策問題

1 文字式の表し方　次の式を，文字式の表し方にしたがって表しなさい。

(1) $y\times x\times(-1)$　　(2) $a\times a\times b\times a\times b$

(3) $4\times x+2$　　(4) $7-5\times x$

(5) $(x-y)\times 5$　　(6) $(x-y)\div 5$

2 数量の表し方　次の数量を，文字を使った式で表しなさい。

(1) 1個x円のケーキを4個買い，50円の箱に入れてもらったときの代金

(2) a km の道のりを4時間かけて進んだときの速さ

(3) x個のみかんを12人の子どもにy個ずつ配ったときに残ったみかんの個数

(4) xからyをひいた差の8倍

3 式の値　$a=\frac{1}{3}$ のとき，次の式の値を求めなさい。

(1) $12a-2$　　(2) $-a^2$　　(3) $\frac{a}{9}$

4 1次式の加減　次の計算をしなさい。

(1) $8x+5x$　　(2) $2y-3y$

(3) $7x+1-6x-5$　　(4) $4-\frac{5}{2}a+3a-8$

(5) $(7a-4)+(9a+1)$　　(6) $(6x-5)-(-3x+8)$

テスト対策ナビ

ミス注意！

■$(x-y)\times 3$
$=3(x-y)$
かっこはそのまま

■$(x-y)\div 3$
$=\frac{x-y}{3}$
かっこはつけない
※$\frac{1}{3}(x-y)$と書いてもよい。

2 (2) (速さ)=(道のり)÷(時間)

時速● km を ● km/h と書くことがあるよ。
h は hour (時間) の頭文字だよ。

3 (3) 次のように×の記号を使って表してから，代入する。
$\frac{a}{9}=\frac{1}{9}a=\frac{1}{9}\times a$

4 文字の部分が同じ項を1つの項にまとめる。
(5) $(7a-4)+(9a+1)$
$=7a-4+9a+1$
(6) かっこの前の「－」に注意。
$(6x-5)-(-3x+8)$
$=6x-5+3x-8$

解答 p.5

テストに出る！

予想問題 ①

2章［文字と式］数学のことばを身につけよう

1節 文字を使った式

20分

/18問中

1 よく出る 文字式の表し方 次の式を，文字式の表し方にしたがって表しなさい。

(1) $x\times(-5)$　(2) $5a\div2$　(3) $a\div3\times b\times b$　(4) $x\div y\div4$

2 ×や÷を使った式 次の式を，×や÷の記号を使って表しなさい。

(1) $2ab^2$　(2) $\dfrac{7x}{3}$　(3) $-6(x-y)$　(4) $2a-\dfrac{b}{5}$

3 よく出る 数量の表し方 次の数量を，文字を使った式で表しなさい。

(1) 300ページの本を，毎日10ページずつm日間読んだときの残りのページ数

(2) 50円切手をx枚と100円切手をy枚買ったときの代金の合計

4 数量の表し方 次の数量を，〔 〕の中の単位で表しなさい。

(1) a mのリボンからb cmのリボンを切り取ったとき，残ったリボンの長さ〔cm〕

(2) 時速x kmでy分間歩いたときに進んだ道のり〔km〕

5 数量の表し方 次の数量を，文字を使って表しなさい。

(1) x人の21％　(2) a円の9割

(3) 円周率をπとするとき，直径8 cmの円の周の長さ

6 式の値 $a=-5$ のとき，次の式の値を求めなさい。

(1) $-2a-10$　(2) $3+(-a)^2$　(3) $-\dfrac{a}{8}$

4 単位をそろえてから式をつくることに注意する。
6 負の数を代入するときは，(　)をつけて代入する。

解答 p.5

テストに出る！

予想問題 ②

2章［文字と式］数学のことばを身につけよう

2節 文字式の計算 (1)

🕓20分

/16問中

1 よく出る 項と係数 次の式の項と，文字をふくむ項の係数を答えなさい。

(1) $3a-5b$

(2) $-2x+\dfrac{y}{3}$

2 よく出る 1次式の加減 次の計算をしなさい。

(1) $4a+7a$

(2) $8b-12b$

(3) $5a-2-4a+3$

(4) $\dfrac{b}{4}-3+\dfrac{b}{2}$

(5) $(3x+6)+(-4x-7)$

(6) $(-2x+4)-(3x+4)$

(7) $(7x-4)+(-2x+4)$

(8) $(-4x-5)-(4x+2)$

(9)
$$\begin{array}{rr} & 5x-7 \\ +) & -2x+3 \\ \hline \end{array}$$

(10)
$$\begin{array}{rr} & -3a-8 \\ -) & -5a+9 \\ \hline \end{array}$$

3 1次式の加減 次の2つの式の和を求めなさい。また，左の式から右の式をひいたときの差を求めなさい。

$9x+1$，$-6x-3$

1 (1) 項は $3a-5b=3a+(-5b)$ と和の形にして考える。

2 計算したあと，係数が1や -1 となった項 $(1\times a$ や $-1\times a)$ は，a や $-a$ のように書く。

2節 文字式の計算(2) 3節 文字式の利用

テストに出る! 教科書のココが要点

さらっとまとめ (赤シートを使って，□に入るものを考えよう。)

1 文字式の計算(乗除) 教 p.77～p.79

・項が1つの1次式と数の乗法…数どうしの積に文字をかける。

例 $3x\times2=3\times x\times2=3\times2\times x=6x$

・項が1つの1次式と数の除法…わる数を[逆数]にしてかけるか，[分数]の形にする。

例 $6x\div2=6x\times\frac{1}{2}=3x$ または $6x\div2=\frac{6x}{2}=3x$

・1次式と数の乗法…[分配法則]を使って計算する。

$a(b+c)=$[$ab+ac$]　$(a+b)c=$[$ac+bc$]

・1次式と数の除法…[乗法]になおして計算するか，[分数]の形にする。

例 $(6x+4)\div2=(6x+4)\times\frac{1}{2}=6x\times\frac{1}{2}+4\times\frac{1}{2}=3x+2$

例 $(6x+4)\div2=\frac{6x+4}{2}=\frac{6x}{2}+\frac{4}{2}=3x+2$

2 数量の間の関係の表し方 教 p.84～p.85

・等式…[等号]を使って数量の間の関係を表した式。

・不等式…[不等号]を使って数量の間の関係を表した式。

スピード確認 (□に入るものを答えよう。答えは，下にあります。)

1

□ $(-4)\times(-7x)=$ ①　　□ $18x\div9=$ ②

□ $-2(3a-4)=$ ③　　□ $(6x-8)\div2=$ ④

□ $6\times\frac{2x-3}{3}=$ ⑤　　□ $\frac{6x-7}{2}\times(-8)=$ ⑥

★$6\times\frac{2x-3}{3}=\frac{\overset{2}{\cancel{6}}\times(2x-3)}{\underset{1}{\cancel{3}}}=2(2x-3)$ と考える。

□ $4(x-2)+3(2x-1)=4x-8+6x-3=$ ⑦

2

□ 「毎分 a L ずつ30分間水を入れていくと，b L たまった。」このことを等式で表すと，⑧ となる。

□ 「毎分 x L ずつ y 分間水を入れていくと，100 L 以上たまった。」このことを不等式で表すと，⑨ となる。

①
②
③
④
⑤
⑥
⑦
⑧
⑨

答 ①$28x$ ②$2x$ ③$-6a+8$ ④$3x-4$ ⑤$4x-6$ ⑥$-24x+28$ ⑦$10x-11$ ⑧$30a=b$ ⑨$xy\geqq100$

解答 p.6

基礎力UP テスト対策問題

1 項が1つの1次式と数の乗除　次の計算をしなさい。

(1)　$8a\times6$　　(2)　$6\times\frac{1}{6}y$

(3)　$15x\div5$　　(4)　$3m\div18$

2 1次式と数の乗除　次の計算をしなさい。

(1)　$7(x+2)$　　(2)　$(4x-1)\times(-2)$

(3)　$\frac{1}{4}(8x-4)$　　(4)　$\left(\frac{1}{2}x-\frac{2}{3}\right)\times6$

(5)　$(6x-4)\div2$　　(6)　$\frac{3x+8}{2}\times4$

3 いろいろな計算　次の計算をしなさい。

(1)　$3(x+4)+2(x-3)$　　(2)　$2(4x-10)+3(2x+9)$

(3)　$4(2x-1)-5(x+2)$　　(4)　$5(-2x+1)-3(3x-1)$

4 数の表し方　nが整数のとき，この整数を2倍した数は$2n$と表されます。nと$2n$の和は，どんな数になりますか。

5 数量の間の関係の表し方　次の数量の間の関係を，等式または不等式で表しなさい。

(1)　1本a円の鉛筆5本と，150円のノート1冊を買ったとき，代金は500円だった。

(2)　xの2倍からyをひいた差は8以上である。

テスト対策ナビ

ポイント

文字をふくむ式の除法
数でわることは，その数の逆数をかけることと同じ。

絶対に覚える!

分配法則

$a(b+c)=ab+ac$

$(a+b)c=ac+bc$

(5)　$(6x-4)\div2$
$=(6x-4)\times\frac{1}{2}$
と除法を乗法になおして計算するよ。

ポイント

nを整数とするとき，
偶数… $2n$
奇数… $2n+1$
3の倍数… $3n$
5の倍数… $5n$
と表せる。

思い出そう!

・aがb以上
…$a\geqq b$
・aがbより大きい
…$a>b$
・aがb以下
…$a\leqq b$
・aがbより小さい
（aがb未満）
…$a<b$

解答 p.6

テストに出る!

予想問題 ①

2章 [文字と式] 数学のことばを身につけよう
2節 文字式の計算 (2)　3節 文字式の利用

20分

/14問中

1 項が1つの1次式と数の乗除　次の計算をしなさい。

(1) $(-a)\times4$

(2) $(-7)\times\left(-\dfrac{3}{14}x\right)$

(3) $(-5b)\div4$

(4) $\dfrac{3}{4}y\div\left(-\dfrac{7}{16}\right)$

2 よく出る　1次式と数の乗除　次の計算をしなさい。

(1) $8(3a-7)$

(2) $-(2m-5)$

(3) $(20a-85)\div(-5)$

(4) $(-18)\times\dfrac{4a-5}{3}$

3 よく出る　いろいろな計算　次の計算をしなさい。

(1) $-2(4-3x)+3(2x-5)$

(2) $\dfrac{1}{3}(6x-12)+\dfrac{3}{4}(8x-4)$

(3) $4(3a-2)-7(a-2)$

(4) $8(3x-5)-6(4x-8)$

4 数の表し方　次の数量を，文字を使って表しなさい。

(1) 十の位が x，一の位が3の2けたの数

(2) n を整数とするときの8の倍数

3 分配法則を使ってかっこをはずしてから，文字の部分が同じ項をまとめる。

4 (1) 十の位の数が x，一の位の数が y の2けたの数は，$10x+y$ と表せる。

テストに出る！

予想問題 ② 2章［文字と式］数学のことばを身につけよう 3節 文字式の利用

20分 /10問中

1 関係を表す式　次の数量の間の関係を，等式または不等式で表しなさい。

(1) ある数 x の 2 倍に 3 をたすと，15 より大きくなる。

(2) 1 個 a g の品物 8 個の重さは 100 g より軽い。

(3) 6 人の生徒が x 円ずつ出したときの金額の合計は 3000 円以上になった。

(4) 1 個 a 円のケーキ 2 個の代金と，1 個 b 円のシュークリーム 3 個の代金は等しい。

(5) 果汁 30 % のオレンジジュース x mL にふくまれる果汁の量は y mL 未満である。

(6) 50 個のりんごを 1 人に a 個ずつ 8 人に配ると b 個余る。

2 式が表す数量　下の図のように，マッチ棒を並べて正三角形をつくります。

(1) 正三角形を 5 個つくるとき，マッチ棒は何本必要ですか。

(2) 正三角形を n 個つくるとき，次のような方法で考えて，必要なマッチ棒の本数を求めました。下の①，②にあてはまる数や式を答えなさい。

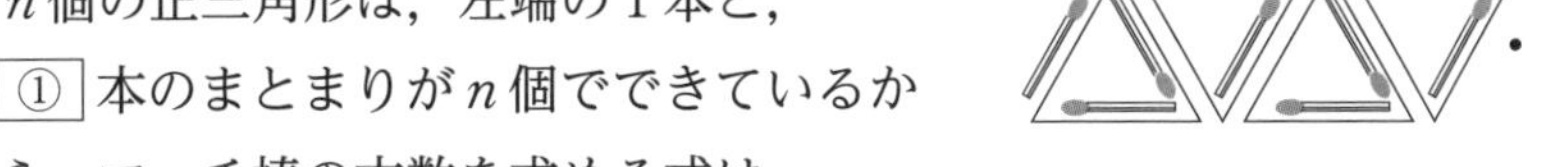

n 個の正三角形は，左端の 1 本と，① 本のまとまりが n 個でできているから，マッチ棒の本数を求める式は，

1＋① $\times n=$ ② である。

(3) (2)で求めた式を利用して，正三角形を 30 個つくるのに必要なマッチ棒の本数を求めなさい。

1 「<，>，≦，≧」のちがいを確かめておこう。

2 図から，同じ本数のマッチ棒のかたまりを見つけて，式に表す。

テストに出る！

章末予想問題

2章 [文字と式] 数学のことばを身につけよう

30分 /100点

1 次の式を，文字式の表し方にしたがって表しなさい。 4点×4〔16点〕

(1) $b \times a \times (-2) - 5$

(2) $x \times 3 - y \times y \div 2$

(3) $a \div 4 \times (b+c)$

(4) $a \div b \times c \times a \div 3$

2 次の数量を，文字を使った式で表しなさい。 4点×4〔16点〕

(1) 12本でx円の鉛筆の，1本あたりの値段

(2) 縦が$x$cm，横が$y$cmの長方形の周の長さ

(3) $a$kgの8％の重さ

(4) 毎分amの速さでb分間歩いたときに進んだ道のり

3 1個x円のみかんと，1個y円のりんごがあります。このとき，$2x+2y$はどんな数量を表していますか。 〔8点〕

4 次の数量を，〔 〕の中の単位で表しなさい。 4点×2〔8点〕

(1) $x$kgの荷物をygの箱に詰めたときの全体の重さ〔kg〕

(2) $a$kmの道のりをb分間で歩いたときの時速〔km〕

5 $x=-6$ のとき，次の式の値を求めなさい。 5点×2〔10点〕

(1) $3x+2x^2$

(2) $\dfrac{x}{2}-\dfrac{3}{x}$

解答 p.7

満点ゲット作戦
文字式の表し方を確認しておこう。かっこをはずすときの符号には注意しよう。例 $-3(a+2)=-3a-6$

ココが要点を再確認 もう一歩 合格
0 70 85 100点

6 差がつく 次の計算をしなさい。 5点×6〔30点〕

(1) $-x+7+4x-9$

(2) $\frac{1}{2}a-1-2a+\frac{2}{3}$

(3) $\left(\frac{1}{3}a-2\right)-\left(\frac{3}{2}a-\frac{5}{4}\right)$

(4) $\frac{4x-3}{7}\times(-28)$

(5) $(-63x+28)\div 7$

(6) $2(3x-7)-3(4x-5)$

7 次の数量の間の関係を，等式または不等式で表しなさい。 6点×2〔12点〕

(1) ある数 x の 2 倍は，x に 6 を加えた数に等しい。

(2) x 人いたバスの乗客のうち 10 人降りて y 人乗ってきたので，残りの乗客は 25 人以下になった。

1	(1)	(2)	(3)
	(4)		
2	(1)	(2)	(3)
	(4)		
3			
4	(1)	(2)	
5	(1)	(2)	
6	(1)	(2)	(3)
	(4)	(5)	(6)
7	(1)	(2)	

1	/16点	**2**	/16点	**3**	/8点	**4**	/8点	**5**	/10点	**6**	/30点	**7**	/12点

1節 方程式とその解き方 (1)

さらっとまとめ (赤シートを使って，□に入るものを考えよう。)

1 方程式とその解 教 p.92〜p.95

・式のなかの文字に代入する値によって，成り立ったり，成り立たなかったりする等式を [方程式] という。

・方程式を成り立たせる文字の値を方程式の [解] といい，方程式の解を求めることを，方程式を [解く] という。

・等式の性質

$A=B$ ならば [1] $A+C=$ [$B+C$]　[2] $A-C=$ [$B-C$]　[3] $AC=$ [BC]

[4] $\dfrac{A}{C}=$ [$\dfrac{B}{C}$] $(C \neq 0)$　[5] $B=A$

2 方程式の解き方 教 p.96〜p.97

・方程式を解くには，もとの方程式を「$x=$□」の形に変形すればよい。

・等式の一方の辺にある項を，その項の符号を変えて他方の辺に移すことを [移項] という。

・方程式を解くには，等式の性質を利用したり，移項の考え方を利用する。

例 $3x-5=2x$
$3x-2x=5$
※符号を変えて他方の辺に移す。

スピード確認 (□に入るものを答えよう。答えは，下にあります。)

□ 方程式を解く手順

[1] x をふくむ項を左辺に，数の項を右辺に [①] する。

[2] $ax=b$ の形にする。

[3] 両辺を x の係数 [②] でわる。

★求めた解をもとの方程式に代入して「検算」すると，その解が正しいかどうかを確かめることができる。

2 □ 方程式 $2x-1=6x+9$ を解きなさい。

$2x-1=6x+9$

$2x$ [③] $6x=9$ [④] 1

$-4x=10$

$\dfrac{-4x}{[⑤]}=\dfrac{10}{[⑥]}$

$x=$ [⑦]

※等式の性質を使って
$2x-1=6x+9$ を解くと，
〈1〉両辺に 1 を加えて，
$2x=6x+10$
〈2〉両辺から $6x$ をひいて，
$-4x=10$
〈3〉両辺を -4 でわって，
$x=$ [⑦]

①
②
③
④
⑤
⑥
⑦

答 ①移項 ②a ③$-$ ④$+$ ⑤-4 ⑥-4 ⑦$-\dfrac{5}{2}$

解答 p.8

基礎力UP テスト対策問題

1 等式・方程式　等式 $4x+7=19$ について，次の問に答えなさい。

(1) x が次の値のとき，左辺 $4x+7$ の値を求めなさい。

① $x=1$　　② $x=2$

③ $x=3$　　④ $x=4$

(2) (1)の結果から，等式 $4x+7=19$ が成り立つときの x の値を，番号で答えなさい。

2 等式の性質の利用　次の□にあてはまる数を入れて，方程式を解きなさい。

(1) $x-6=13$

両辺に ①□ を加えると

$x-6+$ ②□ $=13+$ ③□

したがって，$x=$ ④□

(2) $\frac{1}{4}x=-3$

両辺に ①□ をかけると

$\frac{1}{4}x\times$ ②□ $=-3\times$ ③□

したがって，$x=$ ④□

3 方程式の解き方　次の方程式を解きなさい。

(1) $x+4=13$　　(2) $x-2=-5$

(3) $3x-8=16$　　(4) $6x+4=9$

(5) $x-3=7-x$　　(6) $6+x=-x-4$

(7) $4x-1=7x+8$　　(8) $5x-3=-4x+12$

(9) $8-5x=4-9x$　　(10) $7-2x=4x-5$

テスト対策ナビ

1 (2) (右辺)$=19$ だから，(左辺)$=19$ となったとき，等式 $4x+7=19$ が成り立つ。

ポイント

等式の性質を使って方程式を解くには，

$x=\square$

の形にすることを考えればよい。

(1)では，

$x-6+6=13+6$

とすればよい。

「移項」するときは，符号を変えるのを忘れないようにしよう。

テストに出る！

予想問題 ①　3章［方程式］未知の数の求め方を考えよう　1節 方程式とその解き方 (1)

🕓20分　/21問中

1 よく出る　方程式の解　-2，-1，0，1，2 のうち，次の方程式の解はどれですか。

(1) $3x-4=-7$　　(2) $2x-6=8-5x$

(3) $\frac{1}{3}x+2=x+2$　　(4) $4(x-1)=-x+1$

2 方程式の解　次の方程式で，2 が解であるものを選び，記号で答えなさい。

㋐ $x-4=-2$　　㋑ $3x+7=-13$

㋒ $6x+5=7x-3$　　㋓ $4x-9=-5x+9$

3 等式の性質　次のように方程式を解くとき，（　）にはあてはまる符号を，□にはあてはまる数や式を入れなさい。また，〔　〕には下の等式の性質1～4のどれを使ったかを1～4の番号で答えなさい。

(1)　$x+8=3$

$x+8$（①　）$8=3$（②　）8　〔④　〕

$x=$ ③□

(2)
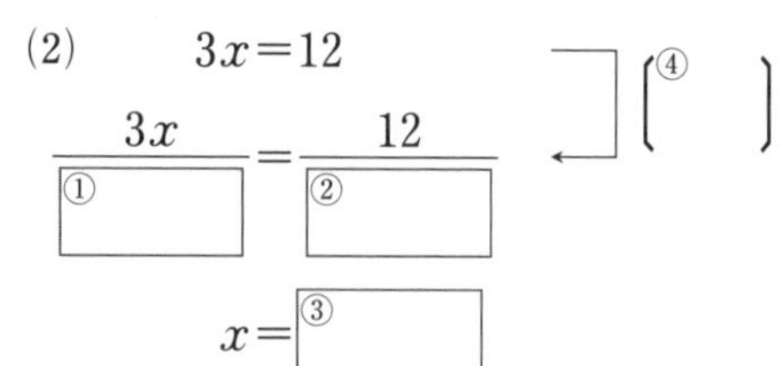

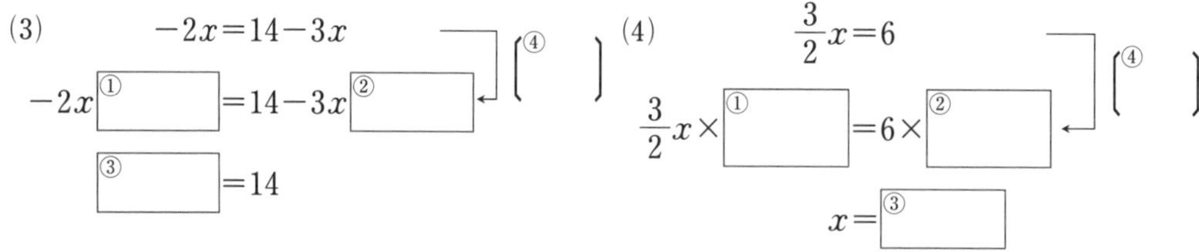

$A=B$ ならば

1 $A+C=B+C$　　2 $A-C=B-C$　　3 $AC=BC$　　4 $\frac{A}{C}=\frac{B}{C}$ $(C\neq0)$

1 **2** 与えられた値を，左辺と右辺それぞれに代入して，両辺が等しい値になるものが，その方程式の解である。

解答 p.9

テストに出る！

予想問題 ②

3章［方程式］未知の数の求め方を考えよう

1節 方程式とその解き方 (1)

🕓20分

/18問中

1 よく出る 方程式の解き方 次の方程式を解きなさい。

(1) $x-7=3$

(2) $x+5=12$

(3) $-4x=32$

(4) $6x=-5$

(5) $\frac{1}{5}x=10$

(6) $-\frac{2}{3}x=4$

(7) $3x-8=7$

(8) $-x-4=3$

(9) $9-2x=17$

(10) $6=4x-2$

(11) $4x=9+3x$

(12) $7x=8+8x$

(13) $-5x=18-2x$

(14) $5x-2=-3x$

(15) $6x-4=3x+5$

(16) $5x-3=3x+9$

(17) $8-7x=-6-5x$

(18) $2x-13=5x+8$

1 方程式を解くには，等式の性質や移項の考え方を使って，「$x=\square$」の形にすることを考える。移項するときは，符号に注意する。

1節 方程式とその解き方(2)　2節 1次方程式の利用

テストに出る！ 教科書のココが要点

さらっとまとめ（赤シートを使って，□に入るものを考えよう。）

1 いろいろな方程式 教 p.98～p.100

・かっこをふくむ方程式は，[かっこをはずして] から解く。

・係数に小数をふくむ方程式は，10，100 などを両辺にかけて，係数を [整数] になおし，小数をふくまない形に変形してから解く。

・係数に分数をふくむ方程式は，分母の [公倍数] を両辺にかけて，分母をはらって分数をふくまない形に変形してから解く。

・解を求めたら，その解をもとの式に代入すると，解が正しいか確かめることができる。

2 1次方程式の利用 教 p.103～p.106

・問題の文をよく読み，何を x で表すかを決める。
　→問題にふくまれている数量を，x を使って表す。
　→それらの数量の間の関係を見つけて，方程式をつくる。
　→つくった方程式を解く。
　→方程式の解が問題に適していることを確かめて答えとする。

3 比例式の利用 教 p.107～p.109

・$a:b=m:n$ ならば $an=$ [bm]

スピード確認（□に入るものを答えよう。答えは，下にあります。）

2

□ 1個150円のりんごと1個80円のなしを合わせて9個買ったら，代金の合計は1000円でした。このとき，りんごを x 個買うとして，下の表の①～③にあてはまる式を答えなさい。

	りんご	なし	合計
1個の値段（円）	150	80	
個数（個）	x	②	9
代金（円）	①	③	1000

★文章題を解くときは，表をつくって考えるとよい。

□ 上の問題で，方程式をつくると，[④] となり，これを解くと，$x=$[⑤] となる。これは問題に適しているので，買ったりんごは [⑥] 個，なしは [⑦] 個である。

★⑤ $150x+720-80x=1000$　$70x=1000-720$　$70x=280$
★⑦ $9-4$

①
②
③
④
⑤
⑥
⑦

答 ①$150x$　②$9-x$　③$80(9-x)$　④$150x+80(9-x)=1000$　⑤4　⑥4　⑦5

解答 p.9

基礎力UP テスト対策問題

1 いろいろな方程式の解き方　次の方程式を解きなさい。

(1) $2x-3(x+1)=-6$　　(2) $0.7x-1.5=2$

(3) $1.3x-3=0.2x-0.8$　　(4) $0.4(x+2)=2$

(5) $\frac{1}{3}x-2=\frac{5}{6}x-1$　　(6) $\frac{x-3}{3}=\frac{x+7}{4}$

2 速さの問題　兄は8時に家を出発して駅に向かいました。弟は8時12分に家を出発して自転車で兄を追いかけました。兄の歩く速さを分速80 m，弟の自転車の速さを分速240 mとします。

(1) 弟が出発してからx分後に兄に追いつくとして，下の表の①～③にあてはまる式を答えなさい。

	兄	弟
速さ (m/min)	80	240
時間 (分)	①	x
道のり (m)	②	③

(2) (1)の表を利用して，方程式をつくりなさい。

(3) (2)でつくった方程式を解いて，弟が兄に追いつくのは8時何分になるか求めなさい。

(4) 家から駅までの道のりが1800 mであるとき，弟が8時16分に家を出発したとすると，弟は駅に行く途中で兄に追いつくことができますか。

3 比例式　次の比例式で，xの値を求めなさい。

(1) $x:8=7:4$　　(2) $3:x=9:12$

(3) $2:7=\frac{3}{2}:x$　　(4) $5:2=(x-4):6$

テスト対策ナビ

ミス注意！

かっこをふくむ方程式は，かっこをはずしてから解く。かっこをはずすときは，符号に注意する。

$-○(□-△)$
$=-○×□+○×△$

まずは，与えられた条件を，表に整理して，等しい関係にある数量を見つけて，方程式をつくろう。

分速● mを● m/minと書くことがあるよ。minはminute（分）を略したものだよ。

絶対に覚える！

比例式は，比例式の性質を使って解く。
$a:b=m:n$
ならば $an=bm$

解答 p.10

テストに出る！

予想問題 ❶ 3章［方程式］未知の数の求め方を考えよう 1節 方程式とその解き方 (2)

20分 /15問中

1 よく出る かっこをふくむ方程式　次の方程式を解きなさい。

(1) $3(x+8)=x+12$　　(2) $2+7(x-1)=2x$

(3) $2(x-4)=3(2x-1)+7$　　(4) $9x-(2x-5)=4(x-4)$

2 係数に小数をふくむ方程式　次の方程式を解きなさい。

(1) $0.7x-2.3=3.3$　　(2) $0.18x+0.12=-0.6$

(3) $x+3.5=0.25x+0.5$　　(4) $0.6x-2=x+0.4$

3 係数に分数をふくむ方程式　次の方程式を解きなさい。

(1) $\frac{2}{3}x=\frac{1}{2}x-1$　　(2) $\frac{x}{2}-1=\frac{x}{4}+\frac{1}{2}$

(3) $\frac{1}{3}x-3=\frac{5}{6}x-\frac{1}{2}$　　(4) $\frac{1}{5}x-\frac{1}{6}=\frac{1}{3}x-\frac{2}{5}$

4 分数の形をした方程式　次の方程式を解きなさい。

(1) $\frac{x-1}{2}=\frac{4x+1}{3}$　　(2) $\frac{3x-2}{2}=\frac{6x+7}{5}$

5 xについての方程式　xについての方程式 $2x+a=7-3x$ の解が $x=2$ であるとき，a の値を求めなさい。

5 解が $x=2$ だから，方程式 $2x+a=7-3x$ は $x=2$ のとき成り立つ。
したがって，$2x+a=7-3x$ のxに2を代入して，aの値を求める。

 解答 p.10

テストに出る！

予想問題 ②

3章［方程式］未知の数の求め方を考えよう

2節 1次方程式の利用

20分

/11問中

1 過不足の問題　あるクラスの生徒に画用紙を配ります。1人に4枚ずつ配ると13枚余ります。また，1人に5枚ずつ配ると15枚たりません。

(1) 生徒の人数をx人として，x人に4枚ずつ配ると13枚余ることと，x人に5枚ずつ配ると15枚たりないことを右の図は表しています。右の図の①～④にあてはまる式や数を答えなさい。

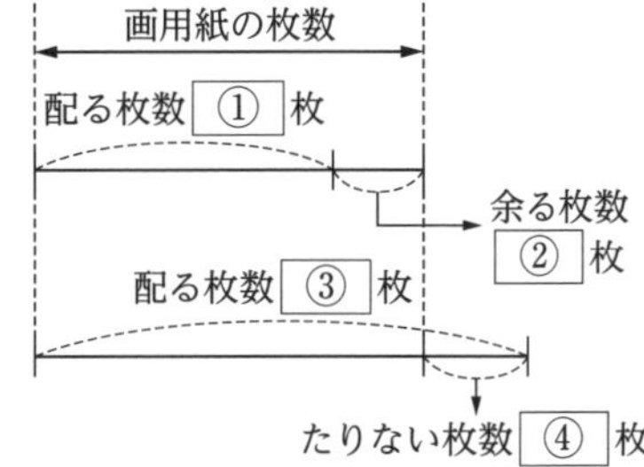

(2) (1)の図を利用して，画用紙の枚数をxを使った2通りの式に表しなさい。

(3) 方程式をつくり，生徒の人数と画用紙の枚数を求めなさい。

2 よく出る　数の問題　ある数の5倍から12をひいた数と，ある数の3倍に14をたした数は等しくなります。ある数をxとして方程式をつくり，ある数を求めなさい。

3 年齢の問題　現在，父は45歳，子は13歳です。父の年齢が子の年齢の2倍になるのは，今から何年後ですか。2倍になるのが今からx年後として方程式をつくり，何年後になるか求めなさい。

4 速さの問題　山のふもとから山頂までを往復するのに，行きは時速2km，帰りは時速3kmの速さで歩いたところ，合わせて4時間かかりました。山のふもとから山頂までの道のりを$x$kmとして方程式をつくり，山のふもとから山頂までの道のりを求めなさい。

5 比例式　次の比例式で，xの値を求めなさい。

(1) $x:6=5:3$　　(2) $1:2=4:(x+5)$

3 今からx年後の父の年齢は$(45+x)$歳，子の年齢は$(13+x)$歳である。

5 (1) $x\times3=6\times5$　(2) $1\times(x+5)=2\times4$

テストに出る！

章末予想問題 3章 ［方程式］未知の数の求め方を考えよう

30分 /100点

1 次の方程式のうち，〔　〕の中の値が解になるものには○，解にならないものには×をつけなさい。 4点×4〔16点〕

(1) $x-3=-4$　〔$x=7$〕

(2) $4x+7=-5$　〔$x=-3$〕

(3) $2x+5=4-x$　〔$x=-1$〕

(4) $12-5x=3x-12$　〔$x=3$〕

2 次の方程式を解きなさい。 4点×8〔32点〕

(1) $4x-21=x$

(2) $6-\frac{1}{2}x=4$

(3) $4-3x=-2-5x$

(4) $0.4x+3=x-\frac{3}{5}$

(5) $5(x+5)=10-8(3-x)$

(6) $0.6(x-1)=3.4x+5$

(7) $\frac{2}{3}x-\frac{1}{4}=\frac{5}{8}x-1$

(8) $\frac{x-2}{3}-\frac{3x-2}{4}=-1$

3 次の比例式で，xの値を求めなさい。 4点×4〔16点〕

(1) $x:4=3:2$

(2) $9:8=x:32$

(3) $2:\frac{5}{6}=12:x$

(4) $(x+2):15=2:3$

4 差がつく　xについての方程式 $x-\frac{3x-a}{2}=-1$ の解が $x=4$ であるとき，aの値を求めなさい。 〔8点〕

解答 p.11

満点ゲット作戦
方程式を解いたら，その解を代入して，検算しよう。また，文章題では，何をxとおいて考えているのかをはっきりさせよう。

ココが要点を再確認 | もう一歩 | 合格
0 70 85 100点

5 差がつく 長いすに生徒が5人ずつすわると，8人の生徒がすわれません。また，生徒が6人ずつすわると，最後の1脚にすわるのは2人になります。長いすの数をx脚として，次の問に答えなさい。 7点×2〔14点〕

(1) xについての方程式をつくりなさい。

(2) 長いすの数と生徒の人数を求めなさい。

6 A，B 2つの容器にそれぞれ360 mLの水が入っています。いま，Aの容器からBの容器に何mLかの水を移したら，Aの容器とBの容器に入っている水の量の比は 4：5 になりました。 7点×2〔14点〕

(1) 移した水の量をx mLとして，xについての比例式をつくりなさい。

(2) Aの容器からBの容器に移した水の量を求めなさい。

1	(1)	(2)	(3)	(4)
2	(1)	(2)	(3)	
	(4)	(5)	(6)	
	(7)	(8)		
3	(1)	(2)	(3)	
	(4)			
4				
5	(1)	(2) 長いす　　生徒		
6	(1)	(2)		

1	/16点	2	/32点	3	/16点	4	/8点	5	/14点	6	/14点

1節 関数と比例・反比例　2節 比例の性質と調べ方 (1)

テストに出る！ 教科書のココが要点

さらっとまとめ（赤シートを使って，□に入るものを考えよう。）

1 関数 教 p.116〜p.119

・2つの変数 x，y があり，変数 x の値を決めると，それにともなって変数 y の値もただ1つ決まるとき，[y は x の関数である] という。

・変数のとりうる値の範囲を，その変数の [変域] という。

2 比例・反比例 教 p.120〜p.121

・y が x の関数で，[$y=ax$] の式で表されるとき，y は x に比例するといい，$y=ax$ の式のなかの文字 a を [比例定数] という。

・y が x の関数で，[$y=\frac{a}{x}$] の式で表されるとき，y は x に反比例するといい，$y=\frac{a}{x}$ の式のなかの文字 a を [比例定数] という。

3 比例の表と式・座標 教 p.124〜p.127

・y が x に比例するとき，x の値が2倍，3倍，…になると，それにともなって y の値も [2倍，3倍，…] になる。

・x 軸と y 軸を合わせて [座標軸] という。

・座標は，(○，□) の形で表す。

x 座標　y 座標

例　P(2，3)　……点Pは原点から右へ2，上へ3だけ進んだところにある。

y 軸　P(2, 3)　原点　O　x 軸　4　−4　x　y

スピード確認（□に入るものを答えよう。答えは，下にあります。）

1

□ x の変域が −2 以上 5 以下のとき，不等号を使って，
−2 [①] x [②] 5 と表す。

□ x の変域が −3 より大きく 1 未満のとき，不等号を使って，
−3 [③] x [④] 1 と表す。

★「a≦○，a≧○」は，a は○をふくむ。「a<○，a>○」は，a は○をふくまない。

2

□ y が x に比例し，$x\neq0$ のとき，[⑤] の値は一定で，比例定数に等しい。

□ y が x に反比例するとき，[⑥] の値は一定で，比例定数に等しい。

3

□ 右の図の点Aの x 座標は [⑦] で y 座標は [⑧] だから，A([⑦]，[⑧]) と表す。

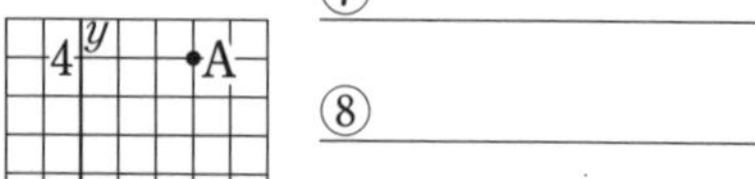

①＿＿＿
②＿＿＿
③＿＿＿
④＿＿＿
⑤＿＿＿
⑥＿＿＿
⑦＿＿＿
⑧＿＿＿

答　①≦　②≦　③<　④<　⑤$\frac{y}{x}$　⑥xy　⑦3　⑧4

解答 p.11

基礎力UP テスト対策問題

1 関数　次の㋐～㋓のうち，y が x の関数であるものを選び，記号で答えなさい。

㋐　1辺が x cm の正三角形の周の長さは y cm である。

㋑　拾った石 x 個の全体の重さは y kg である。

㋒　縦の長さが x cm の長方形の横の長さは y cm である。

㋓　面積が 20 cm^2 の長方形の縦を x cm，横を y cm とする。

2 変域　**変数 x が次のような範囲の値をとるとき，x の変域を不等号を使って表しなさい。**

(1)　−4 以上 3 以下　　(2)　0 より大きく 7 未満

3 比例・反比例　**底面積が 15 cm^2 で高さが x cm の四角柱の体積を y cm^3 とします。**

(1)　y を x の式で表しなさい。

(2)　y は x に比例しますか，反比例しますか。

(3)　比例定数が表している量は何ですか。

4 比例・反比例　**1500 m の道のりを分速 x m で歩くとき，かかる時間を y 分とします。**

(1)　y を x の式で表しなさい。

(2)　y は x に比例しますか，反比例しますか。

(3)　比例定数が表している量は何ですか。

5 座標　**次の問に答えなさい。**

(1)　右の図で，点 A，B，C，D の座標を答えなさい。

(2)　次の点を，右の図に示しなさい。

E(4，5)　　F(−3，3)

G(−2，−4)　　H(3，−2)

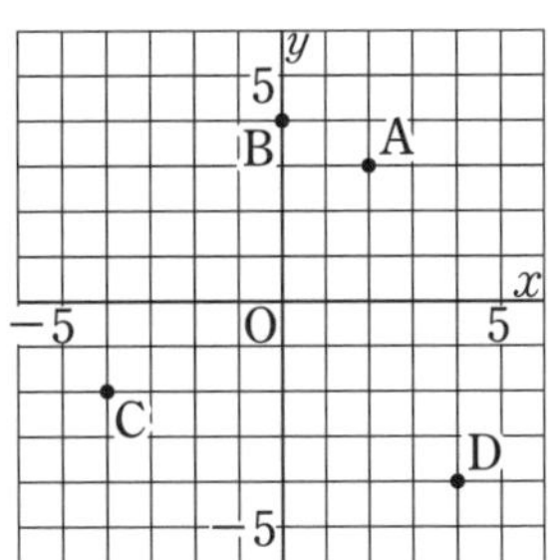

テスト対策ナビ

絶対に覚える!

2 つの変数 x，y があり，変数 x の値を決めると，それにともなって変数 y の値もただ 1 つ決まるとき，y は x の関数である。

ポイント

比例・反比例の式

「y が x に比例する」
⇒ $y=ax$ と書ける。

「y が x に反比例する」
⇒ $y=\dfrac{a}{x}$ と書ける。

点の座標では，左側の数字が x 座標だったね。

解答 p.12

テストに出る!

予想問題 ①

4章 [比例と反比例] 数量の関係を調べて問題を解決しよう

1節 関数と比例・反比例

20分

/11問中

1 よく出る 関数 次の㋐〜㋔のうち，y が x の関数であるものを選び，記号で答えなさい。

㋐ 底辺が 5 cm，高さが x cm の三角形の面積を y cm^2 とする。

㋑ 1辺が x cm の正方形の面積を y cm^2 とする。

㋒ 1辺が x cm のひし形の周の長さを y cm とする。

㋓ 身長 x cm の人の体重を y kg とする。

㋔ 半径 x cm の円の面積を y cm^2 とする。

2 よく出る 変域 変数 x が，次のような範囲の値をとるとき，x の変域を不等号を使って表しなさい。

(1) −2 より大きく 5 より小さい

(2) −6 以上 4 未満

3 比例 右の表は，縦が 6 cm，横が x cm の長方形の面積を y cm^2 としたときの x と y の関係を表したものです。

x	0	3	6	9	12	15	…
y	0	18	36	①	②	③	…

(1) 表の①〜③にあてはまる数を求めなさい。

(2) x の値が 2 倍，3 倍，4 倍になると，対応する y の値はそれぞれ何倍になりますか。

(3) y を x の式で表しなさい。

(4) y は x に比例するといえますか。

4 よく出る 比例・反比例 次のそれぞれについて，y を x の式で表し，その比例定数を答えなさい。

(1) 縦が x cm，横が 8 cm の長方形の面積を y cm^2 とする。

(2) 面積が 120 cm^2 の平行四辺形の底辺を x cm，高さを y cm とする。

4 比例では，$x \neq 0$ のとき，$\frac{y}{x}$ の値は一定で，比例定数 a に等しい。
反比例では，xy の値は一定で，比例定数 a に等しい。

テストに出る！

予想問題 ②

4章［比例と反比例］数量の関係を調べて問題を解決しよう

2節 比例の性質と調べ方 (1)

20分　/17問中

1 よく出る　比例の式の求め方　次の問に答えなさい。

(1)　y は x に比例し，比例定数は 4 です。y を x の式で表しなさい。

(2)　y は x に比例し，$x=-4$ のとき $y=20$ です。y を x の式で表しなさい。

(3)　y は x に比例し，$x=6$ のとき $y=9$ です。$x=-4$ のときの y の値を求めなさい。

(4)　y は x に比例し，$x=2$ のとき $y=-12$ です。$y=-18$ となる x の値を求めなさい。

2 比例の表　$y=-2x$ について，次の問に答えなさい。

(1)　x に対応する y の値を求め，下の①～④にあてはまる数を求めなさい。

x	…	-4	-3	-2	-1	0	1	2	3	4	…
y	…	8	①	②	2	0	-2	③	④	-8	…

(2)　上の x，y について，x の値が負の数のとき，x の値が 2 倍，3 倍，4 倍になると，対応する y の値はそれぞれ何倍になりますか。

3 よく出る　座標　次の問に答えなさい。

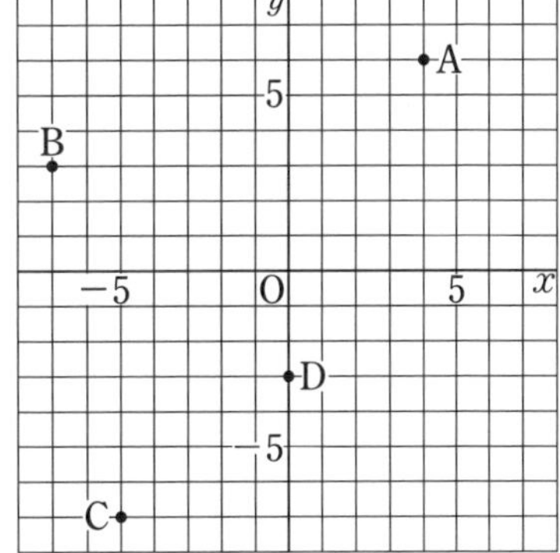

(1)　右の図で，点 A，B，C，D の座標を答えなさい。

(2)　次の点を，右の図に示しなさい。

E(6，2)　　F(−3，7)

G(−2，0)　　H(7，−4)

1 比例の式は，対応する 1 組の x，y の値を，$y=ax$ に代入して，a の値を求める。

3 x 軸上の点→ y 座標が 0　　y 軸上の点→ x 座標が 0

2節 比例の性質と調べ方 (2) 3節 反比例の性質と調べ方 4節 比例と反比例の利用

テストに出る! 教科書のココが要点

さらっとまとめ (赤シートを使って，□に入るものを考えよう。)

1 比例のグラフ 教 p.128～p.133

・比例のグラフは，原点を通る直線である。

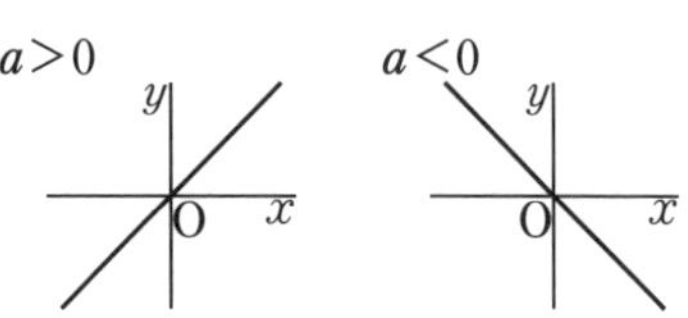

2 反比例 教 p.136～p.143

・x の変域を負の数にひろげても，y が x に反比例するとき，x の値が 2 倍，3 倍，…になると，それにともなって y の値は $\frac{1}{2}$ 倍，$\frac{1}{3}$ 倍，… になる。

・反比例のグラフを双曲線という。

※「$y=\frac{a}{x}$」のグラフは，「右上と左下」または「左上と右下」の部分にある。

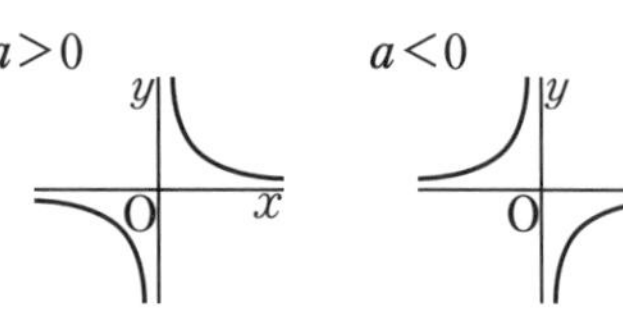

3 比例と反比例の利用 教 p.147～p.149

・時速 x km で y 時間進むときの距離を z km とするとき，$z=$ xy という関係が成り立つ。

x の値を 5 に決めたとき，z は y に比例する。また，z の値を 10 に決めたとき，y は x に反比例する。

スピード確認 (□に入るものを答えよう。答えは，下にあります。)

1 □ $y=-2x$ のグラフは，原点と点 (1, ①) を通る右下がりの ② だから，下の図の㋐，㋑のうち，③ の直線であり，もう一方のグラフの式は ④ である。

2 □ $y=\frac{6}{x}$ のグラフは，(6, 1)，(3, 2)，(2, 3)，(1, 6) などの点をとって，なめらかに結んだ ⑤ だから，下の図の㋒，㋓のうち，⑥ のグラフであり，もう一方のグラフの式は ⑦ である。

①
②
③
④
⑤
⑥
⑦

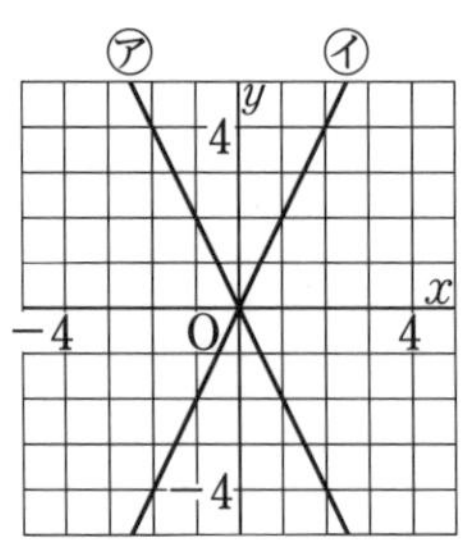

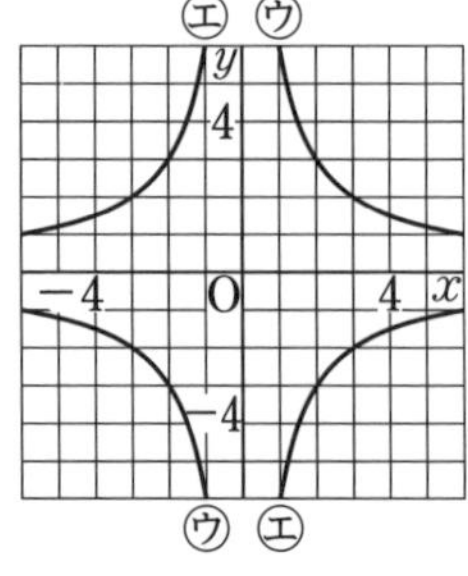

答 ①−2 ②直線 ③㋐ ④$y=2x$ ⑤双曲線 ⑥㋒ ⑦$y=-\frac{6}{x}$

基礎力UP テスト対策問題

1 比例のグラフ　次の比例のグラフを右の図にかきなさい。

㋐　$y=\frac{1}{2}x$　　㋑　$y=-3x$

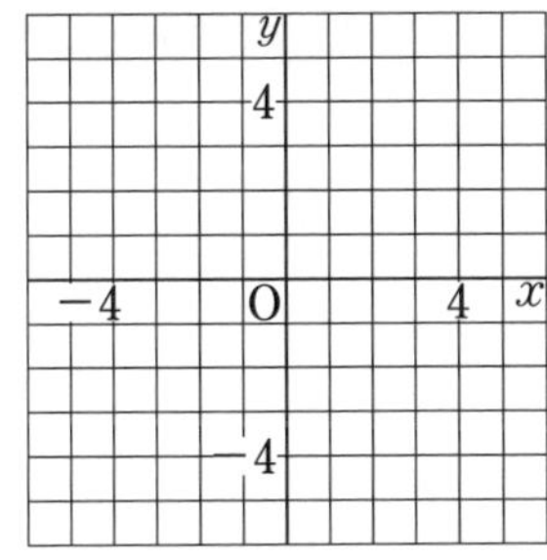

2 グラフから式を求める　右の図のグラフは比例のグラフです。y を x の式で表しなさい。

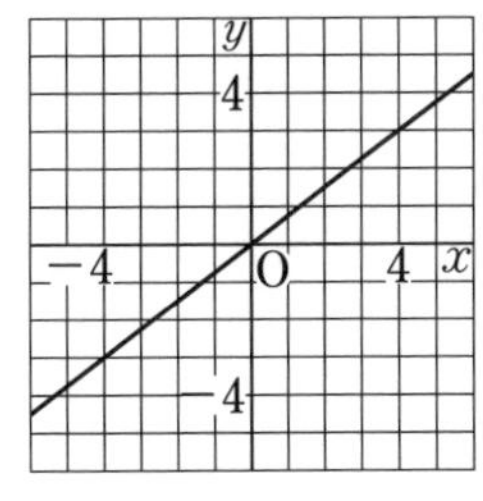

3 反比例の表　$y=-\frac{24}{x}$ について，次の問に答えなさい。

(1)　x に対応する y の値を求め，下の①～④にあてはまる数を求めなさい。

x	…	-4	-3	-2	-1	0	1	2	3	4	…
y	…	6	8	①	②	×	-24	-12	③	④	…

(2)　上の x，y について，x の値が負の数のとき，x の値が 2 倍，3 倍，4 倍になると，対応する y の値はそれぞれ何倍になりますか。

4 反比例のグラフ　次の問に答えなさい。

(1)　y は x に反比例し，$x=4$ のとき $y=-3$ です。y を x の式で表しなさい。

(2)　$y=-\frac{6}{x}$ のグラフを右の図にかきなさい。

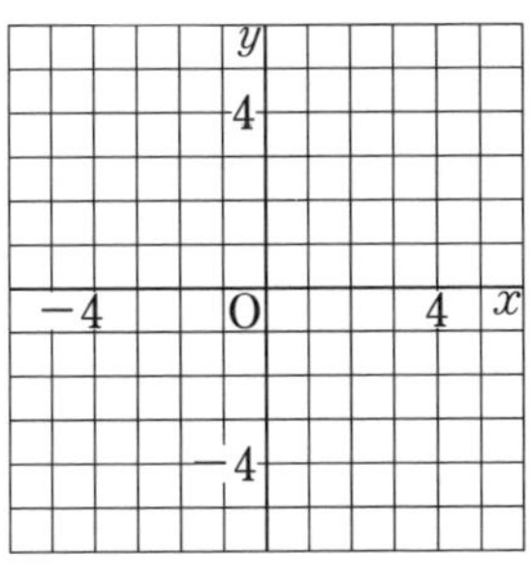

5 比例と反比例の利用　底面積が S cm^2，高さが h cm の三角柱の体積を V cm^3 とすると，$V=Sh$ という式が成り立ちます。

(1)　S の値を 120 に決めたときの，V と h の関係を答えなさい。

(2)　V の値を 200 に決めたときの，S と h の関係を答えなさい。

テスト対策ナビ

絶対に覚える！

$y=ax$ のグラフは
■ $a>0$ のとき
　右上がりのグラフ
■ $a<0$ のとき
　右下がりのグラフ
になる。

グラフから，通る点の座標を読みとるんだね。

ポイント

反比例の式の求め方
「y が x に反比例する」
⇒$y=\frac{a}{x}$ と書けることを使う。
→$y=\frac{a}{x}$ に x と y の値を代入して，比例定数 a の値を求める。また，$xy=a$ として，a の値を求めてもよい。

解答 p.13

テストに出る！
予想問題 ①

4章［比例と反比例］数量の関係を調べて問題を解決しよう
2節 比例の性質と調べ方 (2)　3節 反比例の性質と調べ方

20分　／9問中

1 よく出る　比例のグラフ　次の比例のグラフを，下の図にかきなさい。

(1)　$y=\dfrac{2}{5}x$　(2)　$y=-4x$　(3)　$y=5x$　(4)　$y=-\dfrac{1}{4}x$

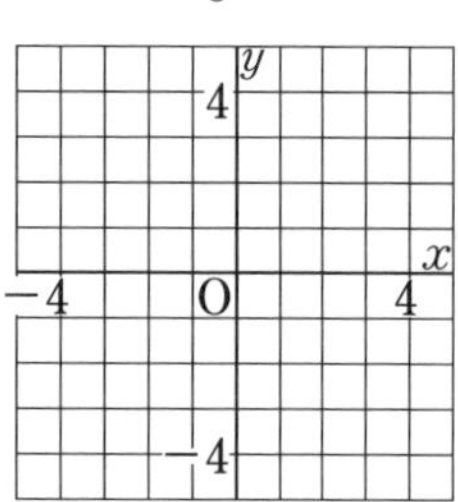
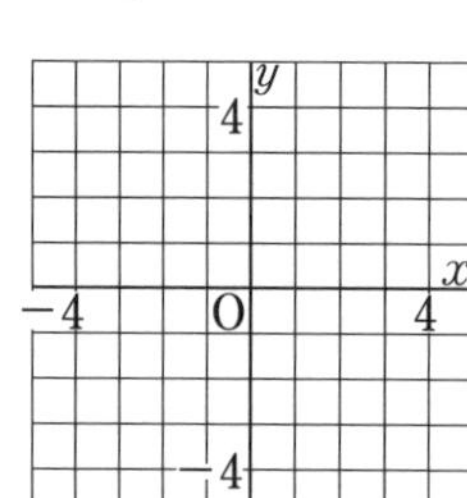
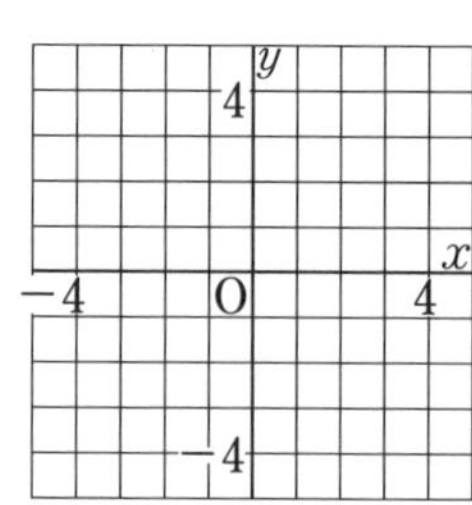
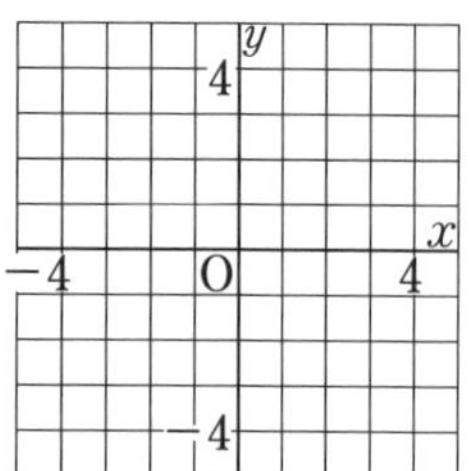

2 グラフからの式の求め方　右の図の(1)，(2)は比例のグラフです。それぞれについて，y を x の式で表しなさい。

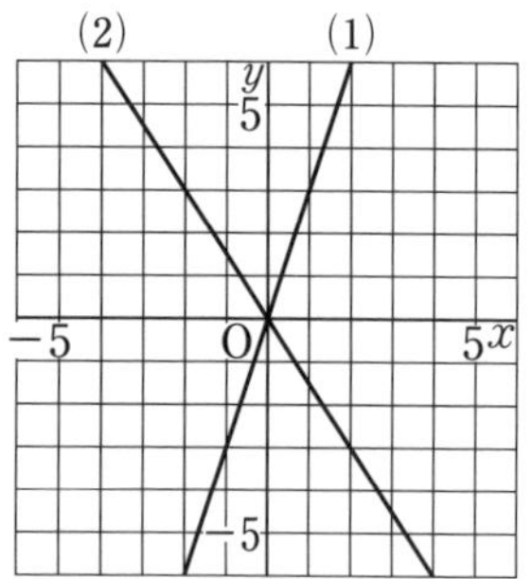

3 反比例する量　1日に 0.6 L ずつ使うと，35 日間使えるだけの灯油があります。これを1日に x L ずつ使うと y 日間使えます。

(1)　y を x の式で表しなさい。

(2)　1日 0.5 L ずつ使うとすると，何日間使えますか。

(3)　28 日間でちょうど使い終わるには，1日に何Lずつ使えばよいですか。

2 グラフから式を求めるときは，x 座標，y 座標がともに整数である点の座標を読みとる。
3 (2)　(1)で求めた式に $x=0.5$ を代入する。

 解答 p.14

テストに出る！

予想問題 ②

4章［比例と反比例］数量の関係を調べて問題を解決しよう
3節 反比例の性質と調べ方　4節 比例と反比例の利用

🕓20分　/8問中

1 よく出る　反比例のグラフ　次の反比例のグラフを，下の図にかきなさい。

(1)　$y=\dfrac{8}{x}$

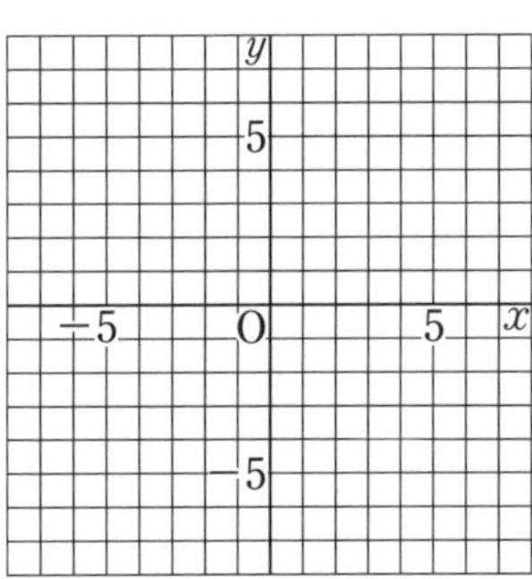

(2)　$y=-\dfrac{8}{x}$

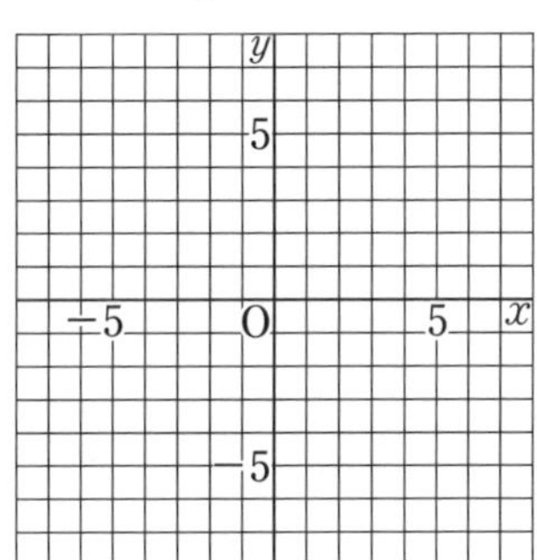

2 よく出る　反比例の式の求め方　次の問に答えなさい。

(1)　y は x に反比例し，比例定数は -20 です。y を x の式で表しなさい。

(2)　y は x に反比例し，$x=-3$ のとき $y=-5$ です。y を x の式で表しなさい。

(3)　y は x に反比例し，$x=-6$ のとき $y=12$ です。$x=8$ のときの y の値を求めなさい。

(4)　右の図の反比例のグラフについて，y を x の式で表しなさい。

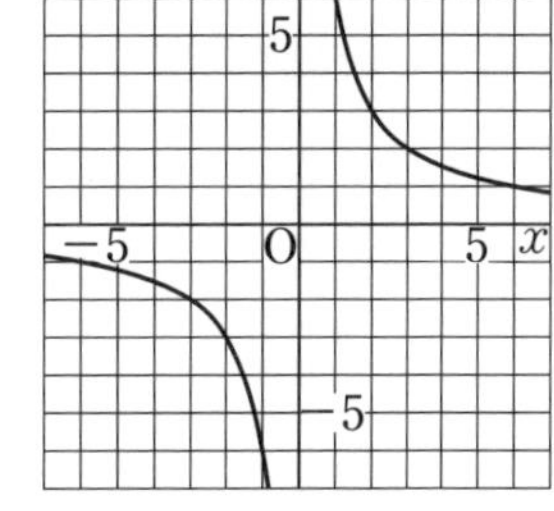

3 比例と反比例の利用　次の問に答えなさい。

(1)　底辺が a cm，高さが h cm の平行四辺形の面積を S cm^2 とします。S の値を決めるときの，a と h の関係を答えなさい。

(2)　分速 a m で t 分間歩いた時の道のりを ℓ m とします。t の値を決めるときの，ℓ と a の関係を答えなさい。

2 反比例の式は，対応する1組の x，y の値を $y=\dfrac{a}{x}$ または $xy=a$ に代入して，a の値を求める。

テストに出る！

章末予想問題

4章 ［比例と反比例］数量の関係を調べて問題を解決しよう

30分 /100点

1 次のそれぞれについて，y を x の式で表し，y が x に比例するものには○，反比例するものには△，どちらでもないものには×をつけなさい。 4点×6〔24点〕

(1) ある針金の 1 m あたりの重さが 20 g のとき，この針金 x g の長さは y m である。

(2) 50 cm のひもから x cm のひもを 3 本切り取ったら，残りの長さは y cm である。

(3) 1500 m の道のりを分速 x m で歩くとき，かかる時間は y 分である。

2 次の問に答えなさい。 8点×2〔16点〕

(1) y は x に比例し，$x=-12$ のとき $y=-8$ です。$x=4.5$ のときの y の値を求めなさい。

(2) y は x に反比例し，$x=8$ のとき $y=-3$ です。$y=-2$ のときの x の値を求めなさい。

3 次の比例または反比例のグラフをかきなさい。 6点×4〔24点〕

(1) $y=\dfrac{3}{2}x$　(2) $y=\dfrac{12}{x}$　(3) $y=-\dfrac{4}{3}x$　(4) $y=-\dfrac{18}{x}$

4 差がつく 歯数 40 の歯車が 1 分間に 18 回転しています。これにかみ合う歯車の歯数を x，1 分間の回転数を y として，次の問に答えなさい。 6点×3〔18点〕

(1) y を x の式で表しなさい。

(2) かみ合う歯車の歯数が 36 のとき，その歯車の 1 分間の回転数を求めなさい。

(3) かみ合う歯車を 1 分間に 15 回転させるためには，歯数をいくつにすればよいですか。

解答 p.14

満点ゲット作戦

比例と反比例の式の求め方とグラフの形やかき方を覚えよう。また，求めた式が比例か反比例かは，式の形で判断しよう。

ココが要点を再確認　もう一歩　合格
0　70　85　100点

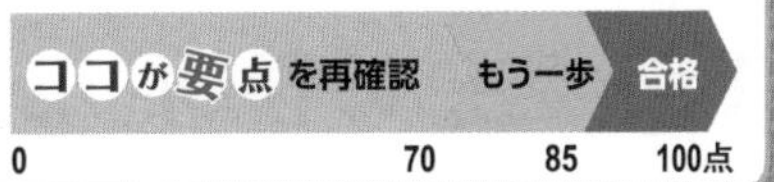

5 姉と妹が同時に家を出発し，家から 1800 m はなれた図書館に行きます。姉は分速 200 m，妹は分速 150 m で自転車に乗って行きます。　6点×3〔18点〕

(1) 家を出発してから x 分後に，家から y m はなれたところにいるとして，姉と妹が進むようすを表すグラフをかきなさい。

(2) 姉と妹が 300 m はなれるのは，家を出発してから何分後ですか。

(3) 姉が図書館に着いたとき，妹は図書館まであと何 m のところにいますか。

1
(1) ，　(2) ，
(3) ，

2
(1)　(2)

3
(1)(2)

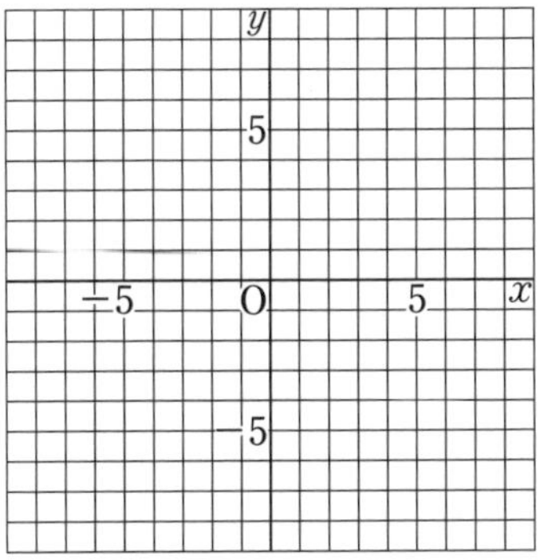
y
5
−5
O
5
x
−5

(3)(4)

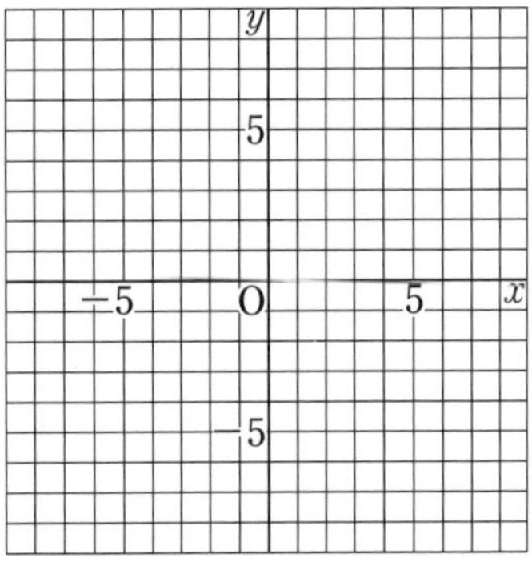
y
5
−5
O
5
x
−5

4
(1)　(2)　(3)

5
(1)

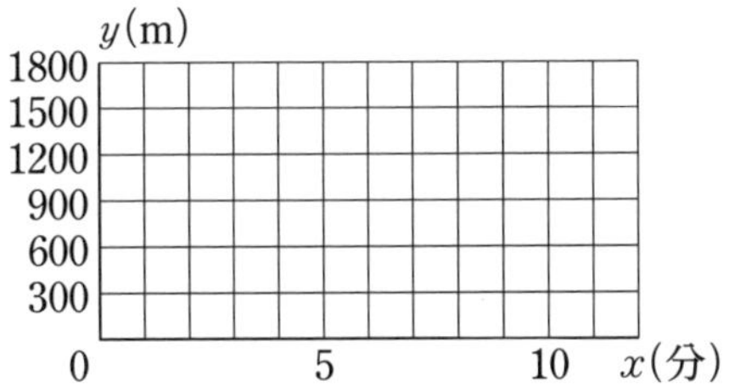
y(m)
1800
1500
1200
900
600
300
0
5
10
x(分)

(2)
(3)

1	/24点	2	/16点	3	/24点	4	/18点	5	/18点

1節 図形の移動　2節 基本の作図 (1)

テストに出る! 教科書のココが要点

さらっとまとめ (赤シートを使って，□に入るものを考えよう。)

1 図形の移動 教 p.156～p.163

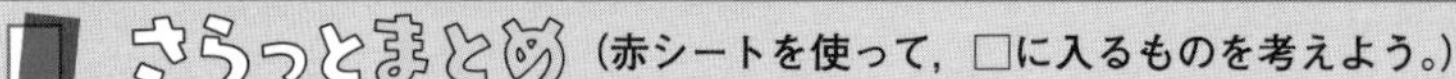

・直線 AB　・線分 AB　・半直線 AB

・平行移動

AA′ ＝ BB′ ＝ CC′

AA′ // BB′ // CC′

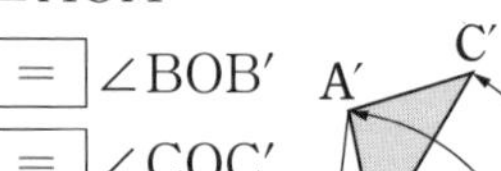

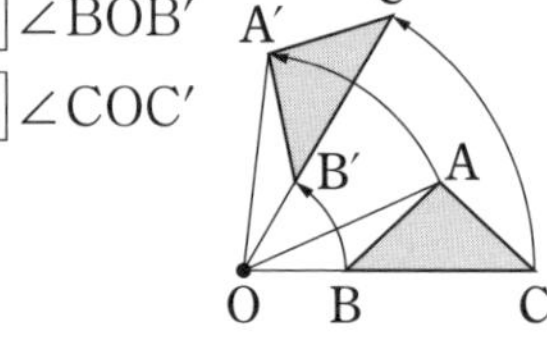

・回転移動

∠AOA′ ＝ ∠BOB′ ＝ ∠COC′

・対称移動

AM ＝ A′M＝$\frac{1}{2}$AA′

AA′ ⊥ ℓ

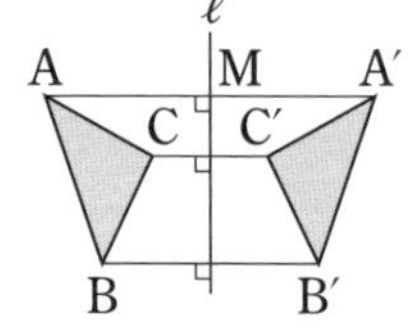

2 弧と弦 教 p.166

・円周上のAからBまでの円周の部分を 弧 AB といい， $\overset{\frown}{AB}$ と表す。

・円周上の2点を結ぶ線分を 弦 といい，両端がA，Bである弦を 弦 AB という。

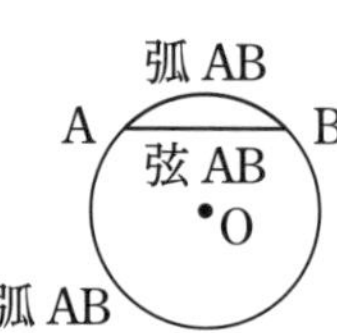

3 基本の作図 教 p.167～p.174

・垂線①　・垂線②　・垂直二等分線　・角の二等分線

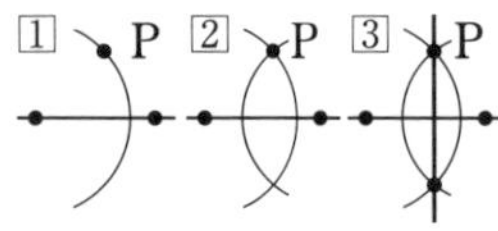

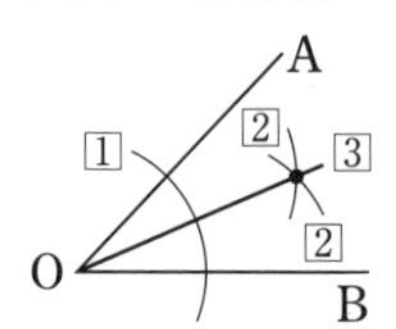

※作図というときは，定規とコンパスだけを使う。

スピード確認 (□に入るものを答えよう。答えは，下にあります。)

1

□ 図形を，一定の方向に，一定の距離だけ動かす移動を ① 移動といい，対応する点を結ぶ線分は ② で，その長さは等しい。

□ 図形を，ある点を中心として一定の角度だけ回転させる移動を ③ 移動，中心とする点を回転の ④ という。対応する点は回転の中心から等しい距離にあり，対応する点と回転の中心を結んでできる角の大きさは，すべて ⑤ 。

□ 図形を，ある直線を折り目として折り返す移動を ⑥ 移動，折り目の直線を ⑦ という。対応する点を結ぶ線分は， ⑦ によって， ⑧ に2等分される。

①
②
③
④
⑤
⑥
⑦
⑧

答　①平行　②平行　③回転　④中心　⑤等しい　⑥対称　⑦対称の軸　⑧垂直

解答 p.15

基礎力UP テスト対策問題

1 図形の移動　次の問に答えなさい。

(1) 次の △ABC を，矢印の方向に矢印の長さだけ平行移動させた △A′B′C′ をかきなさい。

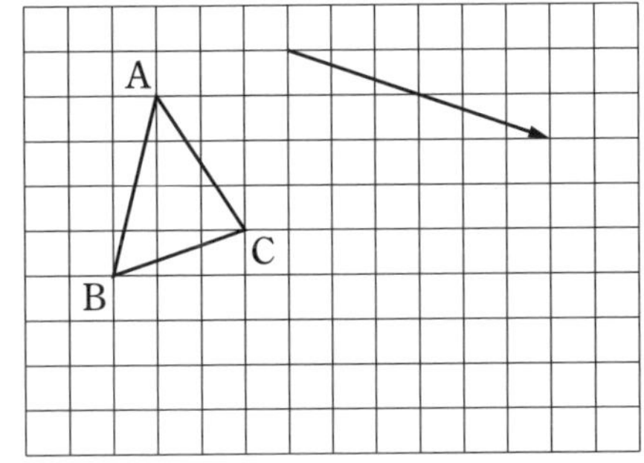

(2) ㋐には，点Oを中心として 180° だけ回転移動させた図形を，㋑には，直線 ℓ を対称の軸として対称移動させた図形を，それぞれかきなさい。

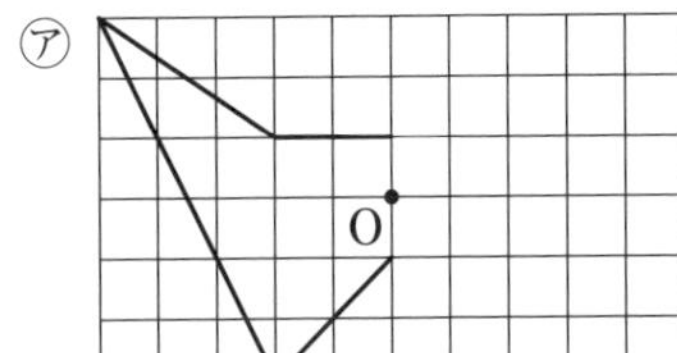

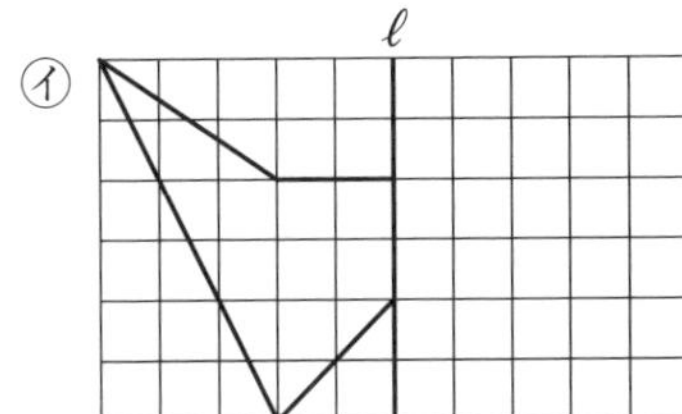

2 線対称な図形　右の図は，直線 ℓ を対称の軸とする線対称な図形です。

(1) 辺 BC に対応する辺はどれですか。

(2) ∠GFE に対応する角はどれですか。

(3) 次の□にあてはまる記号を答えなさい。

AB①□AH，DE②□FE

BH③□ℓ，BH④□CG⑤□DF

3 基本の作図　右の図の △ABC で，次の作図をしなさい。

(1) 頂点Cから辺 AB への垂線

(2) 辺 AC の垂直二等分線

(3) ∠BAC の二等分線

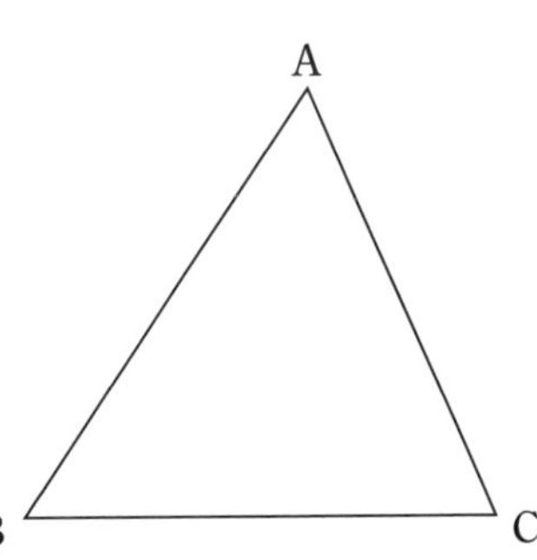

テスト対策ナビ

絶対に覚える!

図形の用語や記号
三角形 ABC
…△ABC
長さが等しい…＝
平行…//
垂直…⊥
角 AOB…∠AOB
弧 AB…$\overset{\frown}{AB}$

ポイント

■線対称な図形
1本の直線を折り目にして二つ折りにしたとき，両側の部分がぴったり重なる図形。また，この直線を対称の軸という。

■点対称な図形
1つの点のまわりに 180° 回転させたとき，もとの図形にぴったり重なる図形。また，この点を対称の中心という。

作図をするときは，垂線や垂直二等分線，角の二等分線の作図を組み合わせて考えていこう。

解答 p.15

テストに出る！

予想問題 ①

5章［平面図形］平面図形の見方をひろげよう

1節 図形の移動

20分

/6問中

1 よく出る 回転移動　右の△ABC を，点O を中心として 180° だけ回転移動させた △A′B′C′ をかきなさい。

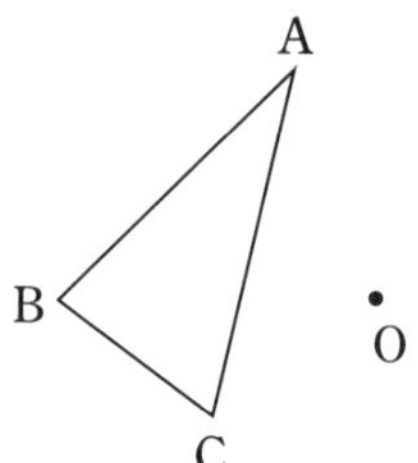

2 よく出る 対称移動　次の図で，**△ABC** を，直線 ℓ を対称の軸として対称移動させた **△A′B′C′** をかきなさい。

(1)

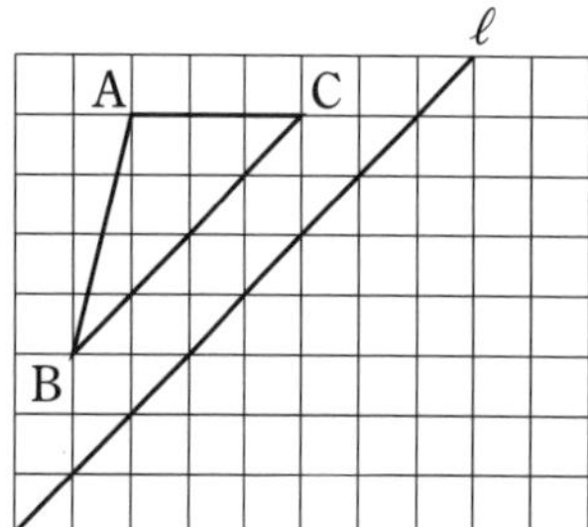

(2)

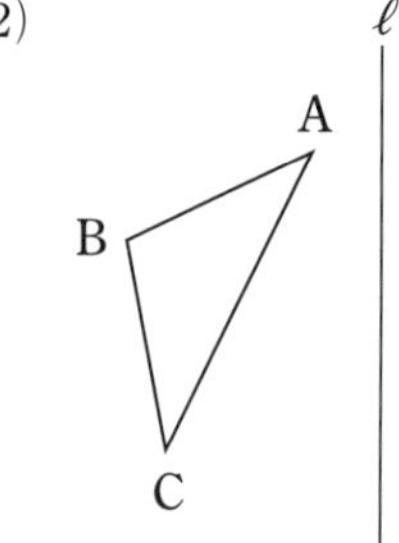

3 図形の移動　右の図は，**△ABC** を頂点 **A** が点 **D** に重なるまで平行移動させ，次に点 **D** を中心として反時計回りに **90°** だけ回転移動させたものです。

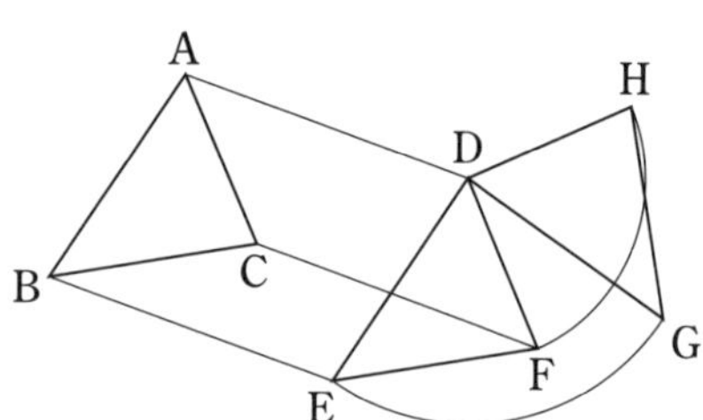

(1) 線分 AD と平行な線分をすべて答えなさい。

(2) 図の中で，大きさが 90° の角をすべて答えなさい。

(3) 辺 AB と長さの等しい辺をすべて答えなさい。

2 各点から対称の軸に垂線をひき，各点と軸との距離が等しい点を，軸の反対側にとる。

3 (2) 回転移動では，対応する点と回転の中心を結んでできる角の大きさは，すべて等しい。

テストに出る！

予想問題 ②

5章［平面図形］平面図形の見方をひろげよう

2節 基本の作図 (1)

🕓 20分　／8問中

1 よく出る　基本の作図　点Pから直線ℓへの垂線を，次の図を利用して2通りの方法で作図しなさい。

(方法1)　• P

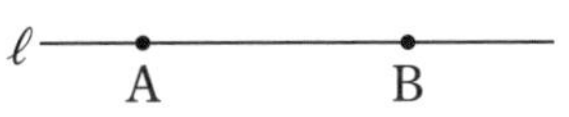

(方法2)　• P

ℓ

2 よく出る　垂直二等分線の作図　次の作図をしなさい。

(1) 線分ABの垂直二等分線

A　B

(2) 線分ABを直径とする円

A　B

3 距離　右の図の点A～Fについて，答えなさい。

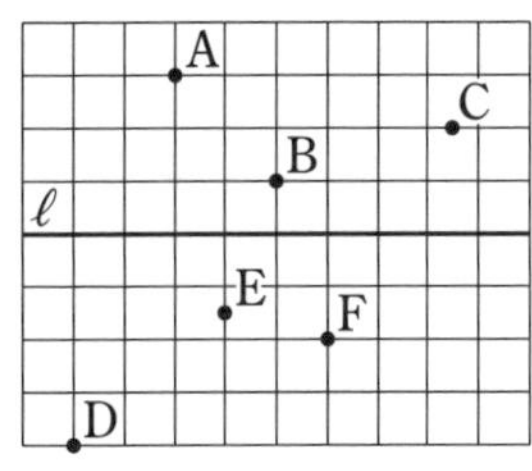

(1) 直線ℓまでの距離がもっとも長いのはどの点ですか。

(2) 直線ℓまでの距離がもっとも短いのはどの点ですか。

4 よく出る　角の二等分線の作図　次の作図をしなさい。

(1) ∠AOBの二等分線

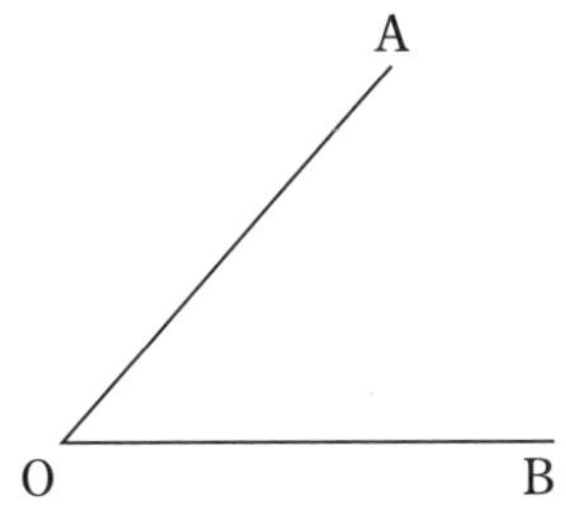

(2) 点Oを通る直線ABの垂線

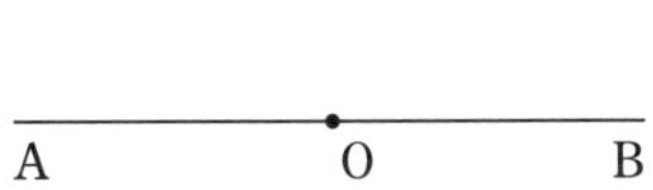

1 どちらの方法でも作図できるようにしておこう。

2 (2) 円の中心は，線分ABの中点になる。

2節 基本の作図(2) 3節 おうぎ形

テストに出る! 教科書のココが要点

さらっとまとめ (赤シートを使って，□に入るものを考えよう。)

1 円の接線 教 p.175～p.176

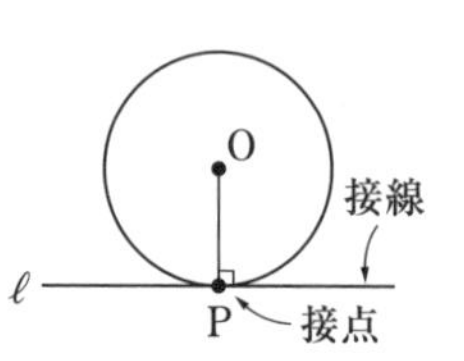

・円と直線が1点だけで出あうとき，この直線は円に 接する といい，この直線を円の 接線 という。また，円と直線が接する点を 接点 という。

・円の接線は，接点を通る半径に 垂直 である。OP⊥ℓ

2 おうぎ形 教 p.180～p.181

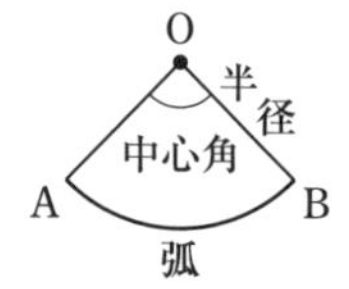

・弧の両端を通る2つの半径とその弧で囲まれた図形を おうぎ形 といい，その2つの半径のつくる角を 中心角 という。

・半径 r，中心角 $a°$ のおうぎ形の弧の長さ ℓ と面積 S

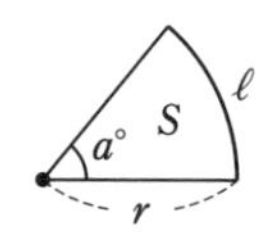

$\ell=$ $2\pi r\times\frac{a}{360}$ 　$S=$ $\pi r^2\times\frac{a}{360}$

※おうぎ形の弧の長さや面積は，中心角に 比例 する。

スピード確認 (□に入るものを答えよう。答えは，下にあります。)

1

□ 円の接線を作図するには，接線が接点を通る半径に ① であることを利用する。円の中心と接点を結んだ直線に，接点を通る垂線の作図をする。

2

□ 右の図で，半径OA，OBと弧ABで囲まれた図形を ② といい，この図形で，半径OA，OBのつくる角を ③ という。

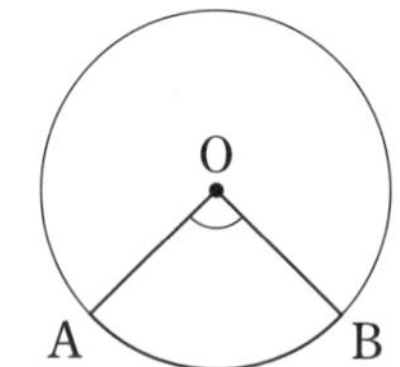

□ 半径が10 cm，中心角が144°のおうぎ形の弧の長さは，

$$2\pi\times10\times\frac{④}{360}=⑤\ (\text{cm})$$

★$2\pi r\times\frac{a}{360}$ に，$r=10$，$a=144$ を代入する。

□ 半径が10 cm，中心角が144°のおうぎ形の面積は，

$$\pi\times10^2\times\frac{⑥}{360}=⑦\ (\text{cm}^2)$$

★$\pi r^2\times\frac{a}{360}$ に，$r=10$，$a=144$ を代入する。

①
②
③
④
⑤
⑥
⑦

答 ①垂直 ②おうぎ形 ③中心角 ④144 ⑤$8\pi$ ⑥144 ⑦$40\pi$

解答 p.16

基礎力UP テスト対策問題

1 いろいろな作図　次の作図をしなさい。

(1)　円Oの周上にある点Aを通る接線

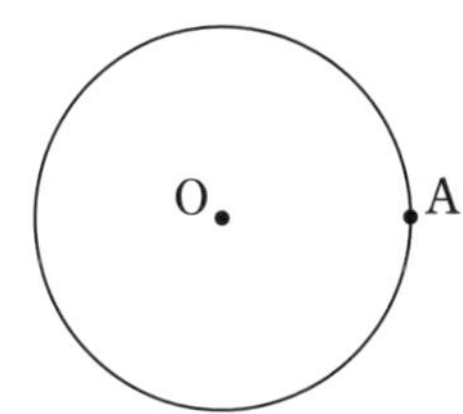

(2)　点Oを中心とし，直線 ℓ に接する円

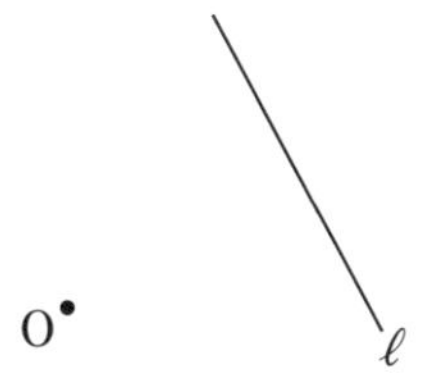

2 円　右の図のような点A，Bを通る円の中心は，どんな図形の上にありますか。

A　B

3 おうぎ形　右のおうぎ形について，次の問に答えなさい。

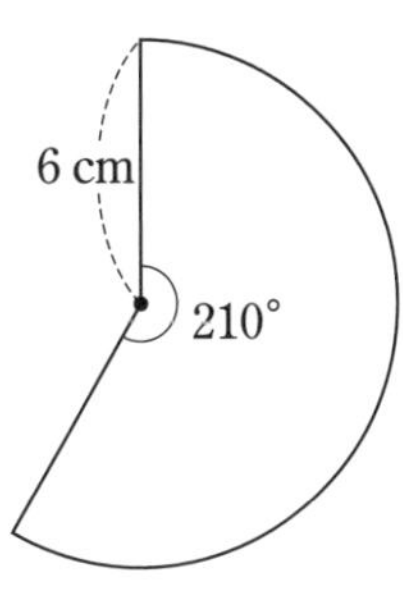

(1)　このおうぎ形の弧の長さは，半径が 6 cm の円の周の長さの何倍ですか。

(2)　このおうぎ形の弧の長さを求めなさい。

(3)　このおうぎ形の周りの長さを求めなさい。

(4)　このおうぎ形の面積を求めなさい。

テスト対策ナビ

ポイント

円の接線は，接点を通る半径に垂直であることを利用して，作図する。

垂線の作図や，180° の角の二等分線の作図を使うよ。

ミス注意！

おうぎ形の周り長さは，(弧の長さ)+(半径)×2 となっていることに注意しよう。

絶対に覚える！

半径 r の円の円周 ℓ と面積 S

$\ell=2\pi r$

$S=\pi r^2$

半径 r, 中心角 a° のおうぎ形の弧の長さ ℓ' と面積 S'

$\ell'=2\pi r\times\frac{a}{360}$

$S'=\pi r^2\times\frac{a}{360}$

 解答 p.16

テストに出る！

予想問題 ①

5章［平面図形］平面図形の見方をひろげよう

2節 基本の作図 (2)

20分　/5問中

1 円と接線　右の図で，点Pで直線ℓに接する円のうち，点Qを通る円Oを作図しなさい。

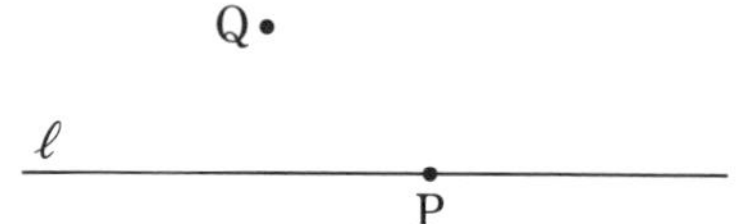

2 いろいろな作図　次の作図をしなさい。

(1) 線分ABを1辺とする正三角形ABCと，∠PAB=30°となる辺BC上の点P

(2) ∠AOP=90°でAO=POとなる△AOPと，∠BOQ=135°となる辺AP上の点Q

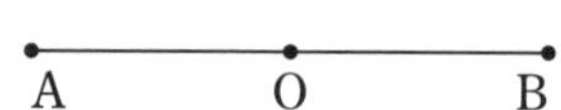

3 いろいろな作図　次の△ABCで，(1)，(2)の線分や点を作図しなさい。

(1) 辺BCを底辺とするときの高さを表す線分AH

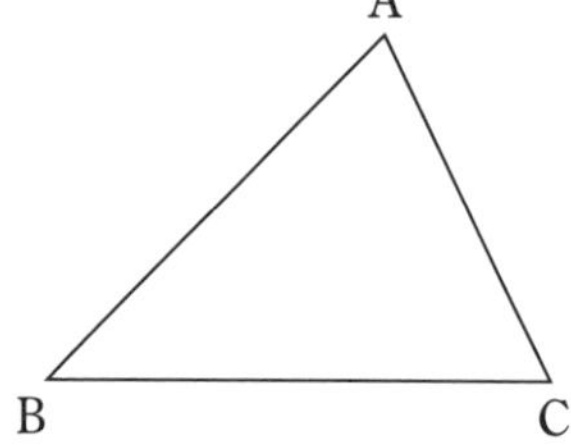

(2) 辺BC上にあって，辺AB，ACまでの距離が等しい点P

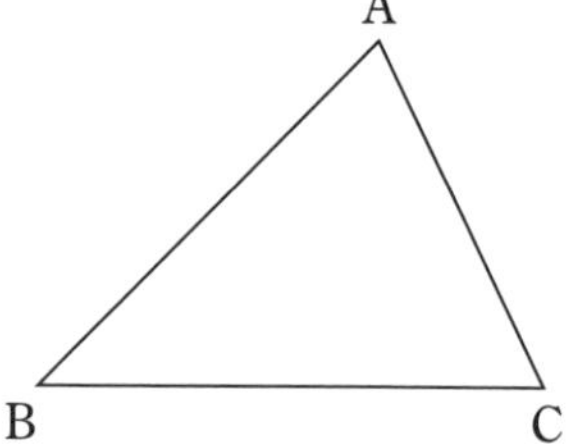

2 (1) ∠CAB=60°だから，∠PABは∠CABの二等分線を作図すればよい。
3 (2) 辺AB，ACまでの距離が等しい点は，∠BACの二等分線上にある。

テストに出る！

予想問題 ②

5章［平面図形］平面図形の見方をひろげよう
2節 基本の作図 (2)　3節 おうぎ形

20分
/8問中

1 いろいろな作図　右の図のように，∠XOY と線分 OY 上に点Aがある。このとき，中心が∠XOY の二等分線上にあり，線分 OY と点Aで接する円を作図しなさい。

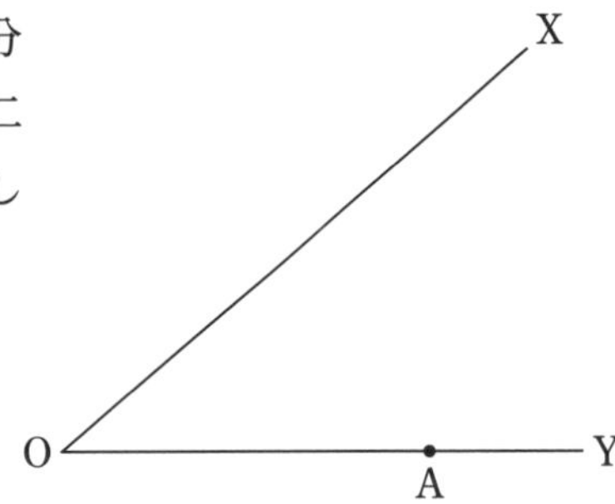

2 いろいろな作図　右の図のように，線分 AB と円Oがあり，円Oの周上に点Pをとるとき，△PAB の面積が最大となる点Pを作図して求めなさい。

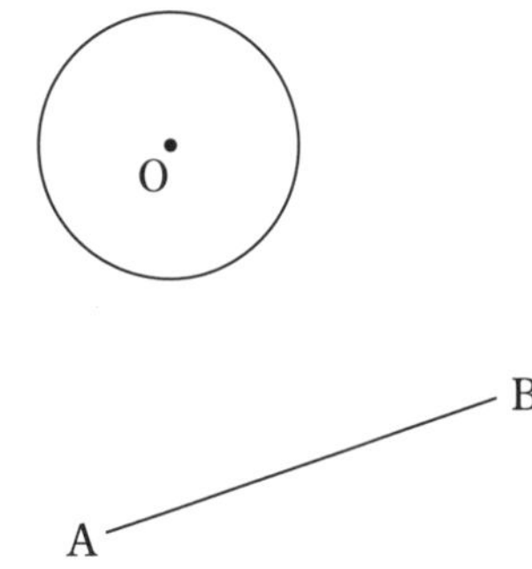

3 よく出る　おうぎ形　次のおうぎ形の弧の長さと面積を求めなさい。

(1)　半径が 8 cm，中心角が 60°

(2)　半径が 30 cm，中心角が 300°

(3)　半径が 4 cm，中心角が 225°

2 △PAB の底辺を AB としたとき，高さが最大となるように点Pをとればよい。

3 半径 r，中心角 $a°$ のおうぎ形では，弧の長さ $\ell=2\pi r\times\frac{a}{360}$，面積 $S=\pi r^2\times\frac{a}{360}$

テストに出る！

章末予想問題　5章 ［平面図形］平面図形の見方をひろげよう

30分　　/100点

1 右のひし形 ABCD について，次の問に答えなさい。　6点×6〔36点〕

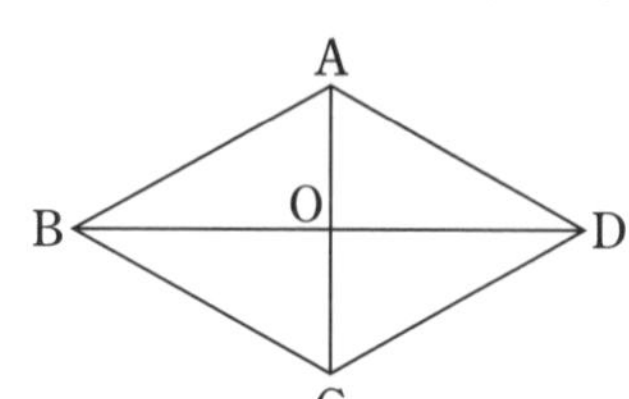

(1)　対角線 BD を対称の軸とみた場合，辺 AB に対応する辺，∠BCD に対応する角をそれぞれ答えなさい。

(2)　点Oを回転の中心とみた場合，辺 AB に対応する辺，∠ACD に対応する角をそれぞれ答えなさい。

(3)　ひし形の向かい合う辺が平行であることを，記号を使って表しなさい。

(4)　△AOD を，点Oを回転の中心として回転移動させて △COB に重ね合わせるには，何度回転させればよいですか。

2 右の図のような3点 A，B，C を通る円Oを作図しなさい。〔14点〕

B•

A•　　　　　　•C

3 右の図1のような長方形 ABCD を，頂点Aと頂点Cが重なるように折り返したのが図2です。　10点×2〔20点〕

図1

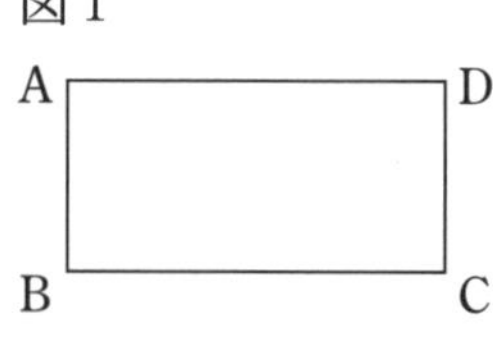

図2

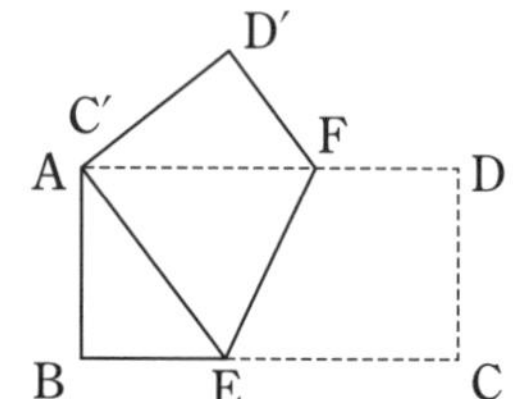

(1)　∠AEF＝63° のとき，∠AEB の大きさを求めなさい。

(2)　図2にある折り目の線分 EF を作図しなさい。

解答 p.16

満点ゲット作戦
いろいろな作図のしかたを身につけよう。垂直二等分線や角の二等分線の考え方の使い分けができるようにしていこう。

4 次の作図をしなさい。 15点×2〔30点〕

(1) 中心が直線ℓ上にあって，2点A，Bが周上にある円O

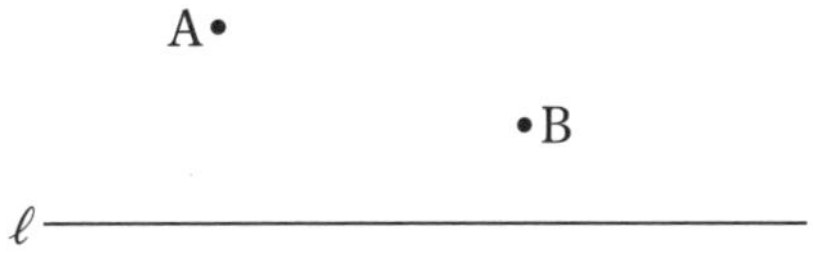

A•
•B
ℓ

(2) 差がつく 直線ℓ上にあって，AP+PBが最小となる点P

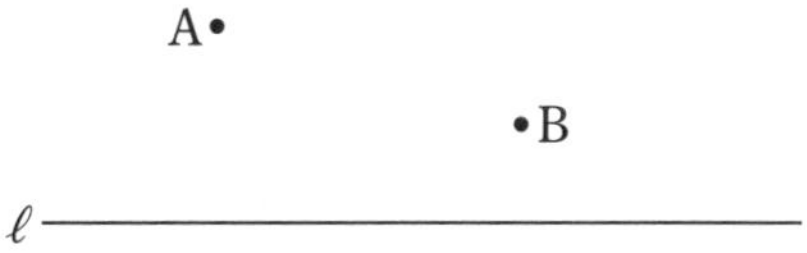

A•
•B
ℓ

1	(1) 辺　　　　角	
	(2) 辺　　　　角	
	(3)	(4)
2	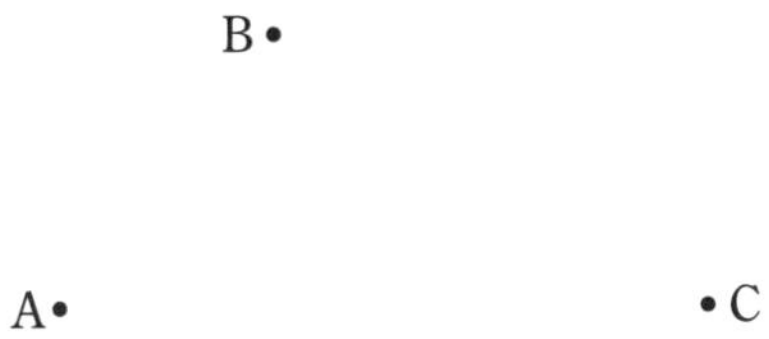 B•　A•　•C	3 (1)
		(2) 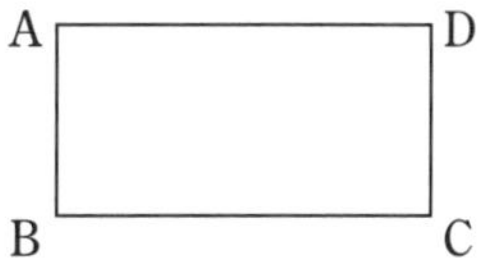 A D B C
4	(1) 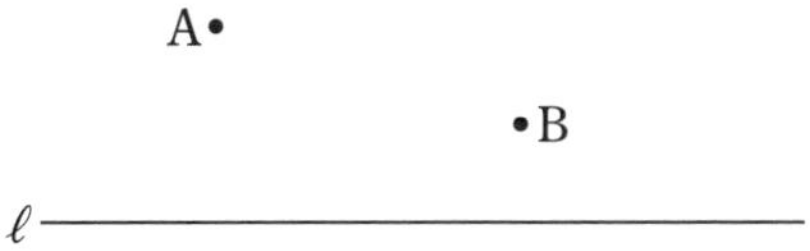 A•　•B　ℓ	(2) 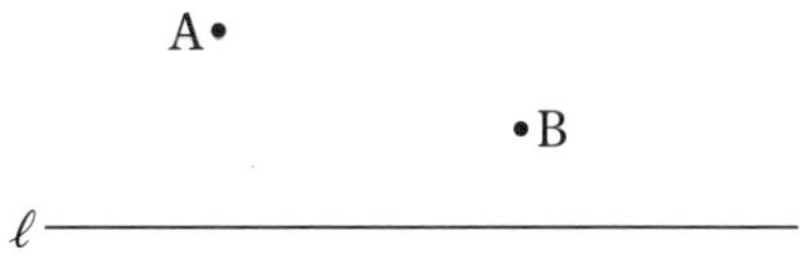 A•　•B　ℓ

1	/36点	2	/14点	3	/20点	4	/30点

1節 いろいろな立体　2節 立体の見方と調べ方 (1)

テストに出る! 教科書のココが要点

さらっとまとめ（赤シートを使って，□に入るものを考えよう。）

1 いろいろな立体 教 p.190～p.192

・正多面体…5種類ある。

正四面体　正六面体（立方体）　正八面体　正十二面体　正二十面体

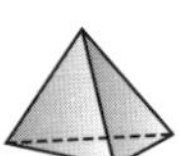
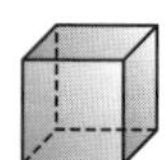
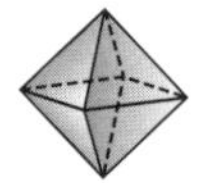
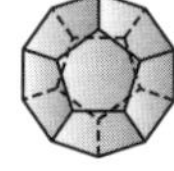

2 直線や平面の位置関係 教 p.194～p.199

・2平面…交わる/平行　　・直線と平面…平面上にある/交わる/平行

交わる　P　Q　交線　ℓ

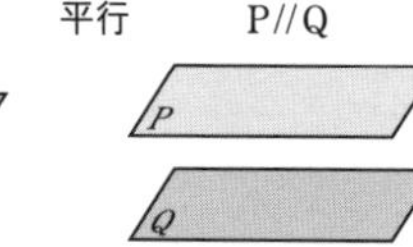

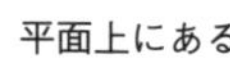

ℓ　P

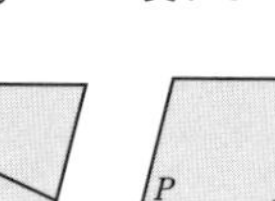

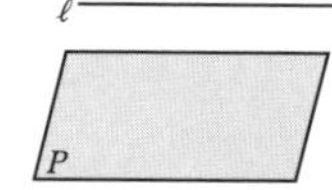

・空間内の2直線…交わる/平行/ねじれの位置

交わる　交わらない

交わる　ℓ　m　A　P

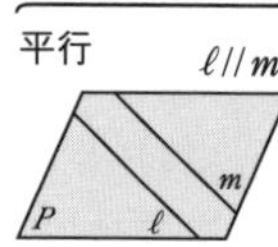

ねじれの位置　ℓ　m　P

同じ平面上にある　同じ平面上にない

平面と平面が交わったところにできる直線が交線だよ。

3 回転体 教 p.200～p.202

・円柱や円錐のように，1つの直線を軸として平面図形を回転させてできる立体を 回転体 といい，その側面をえがく辺を 母線 という。

スピード確認（□に入るものを答えよう。答えは，下にあります。）

1 □ 平面だけで囲まれた立体を ① という。

2 □ 2点をふくむ平面は1つに決まらないが，平行な2直線をふくむ平面は1つに ② 。

★1つの直線上にない3点があるとき，平面は1つに決まる。

□ 右の立方体で，辺ABは辺HGと ③ で，辺ABは辺BFと ④ である。また，辺ABは辺CGと ⑤ にある。

★平行でなく交わらない2直線が「ねじれの位置」の関係にある。

D　C　A　B　H　G　E　F

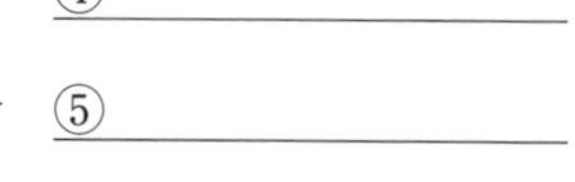

①
②
③
④
⑤

答　①多面体　②決まる　③平行　④垂直　⑤ねじれの位置

解答 p.17

基礎力UP テスト対策問題

1 いろいろな立体　次の□にあてはまることばを答えなさい。

右のあやいのような立体を ① とい い，底面が三角形，四角形，…の ① を，それぞれ ②，③，…という。また，うのような立体を ④ という。

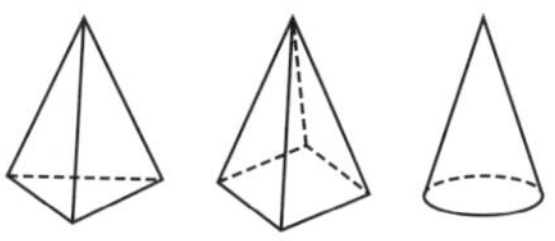

あ
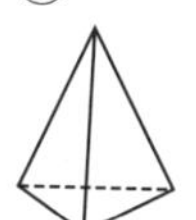
い
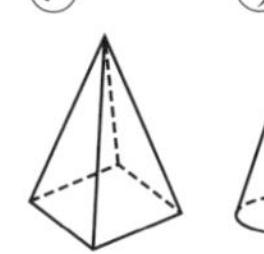
う

2 多面体　次の問に答えなさい。

(1) 七面体である角柱は何角柱ですか。

(2) 八面体である角錐の底面は何角形ですか。

(3) 同じ大きさの 2 つの正四面体の 1 つの面どうしをぴったり合わせて，1 つの立体をつくるとき，この立体は正多面体といえますか。また，その理由も答えなさい。

3 立体の見方　右の図のような，直方体から三角錐を切り取った立体があります。

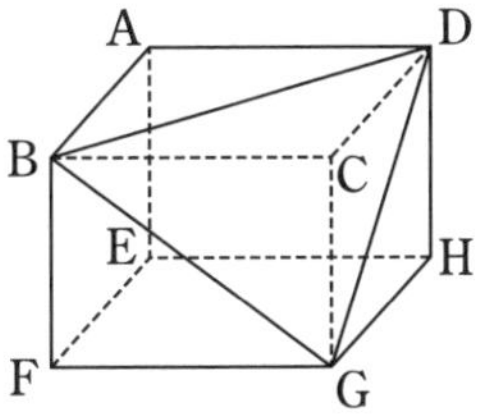

(1) 辺 EH と垂直に交わる辺はどれですか。

(2) 辺 AD と垂直な面はどれですか。

(3) 辺 BD とねじれの位置にある辺は何本ありますか。

(4) 面 ABD と平行な面はどれですか。

4 回転体　下の(1)，(2)の回転体は，それぞれどんな平面図形を回転させてできたものと考えられますか。回転の軸を ℓ として，その図形をかきなさい。

(1)
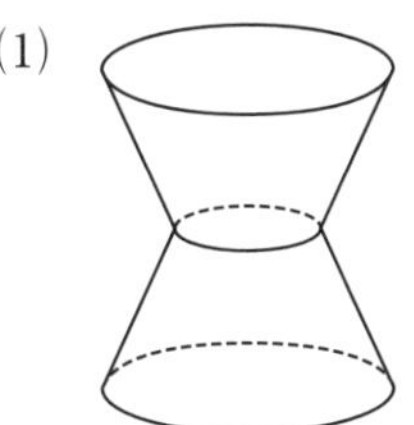

(2)
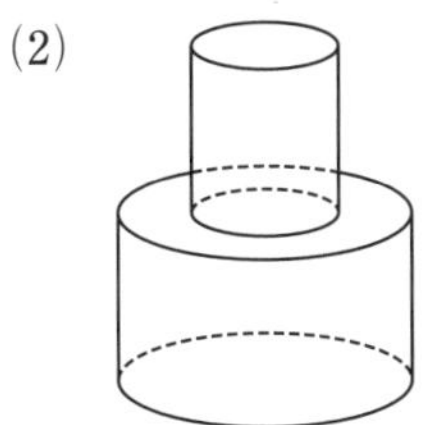

テスト対策ナビ

平面だけで囲まれた立体を「多面体」というよ。

ポイント

立体はできるだけ具体的にかいてみて，イメージをつかむようにする。

絶対に覚える！

空間内にある 2 直線の位置関係は，
- 交わる
- 平行である
- ねじれの位置にある

の 3 つの場合がある。

ポイント

回転体となるもとの平面図形は，
- 円柱 → 長方形
- 円錐 → 直角三角形
- 球 → 半円

などが考えられる。

テストに出る！

予想問題 ①

6章［空間図形］立体の見方をひろげよう
1節 いろいろな立体　2節 立体の見方と調べ方 (1)

20分　/28問中

1 よく出る いろいろな立体　次の立体㋐〜㋕について，表を完成させなさい。

㋐ 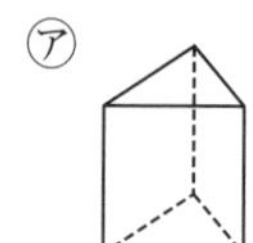
㋑ 
㋒ 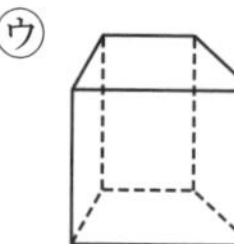
㋓ 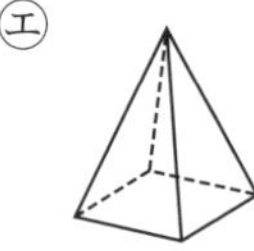
㋔ 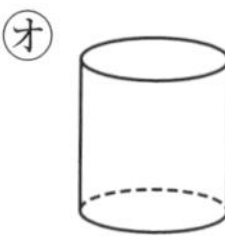
㋕ 

	立体の名まえ	面の数	多面体の名まえ	底面の形	側面の形	辺の数
㋐	三角柱					9
㋑		4			三角形	
㋒				四角形		
㋓	四角錐		五面体			
㋔		／	／		／	／
㋕		／	／		／	／

2 よく出る 直線や平面の平行と垂直　右の直方体について，次のそれぞれにあてはまるものをすべて答えなさい。

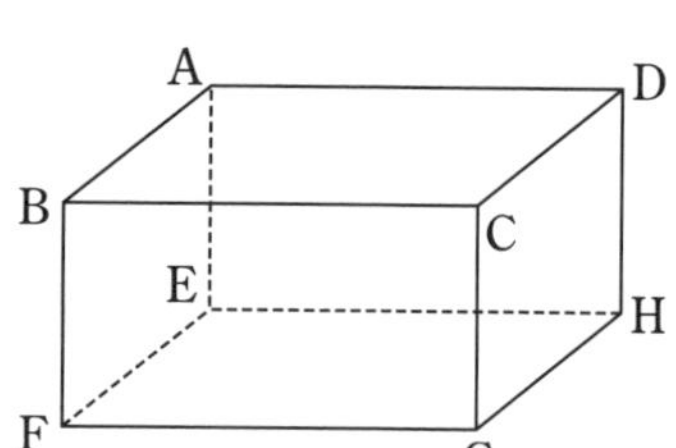

(1) 辺 AB と平行な辺

(2) 辺 BF と平行な面

(3) 面 ABFE と平行な面

(4) 面 AEHD と平行な辺

(5) 辺 AE とねじれの位置にある辺

(6) 辺 AB と垂直に交わる辺

(7) 面 ABFE と垂直な面

2 (5) 空間内で，平行でなく交わらない 2 直線はねじれの位置にある。まずは，平行な辺や交わる辺を調べよう。

テストに出る！

予想問題 ②

6章［空間図形］立体の見方をひろげよう

2節 立体の見方と調べ方 (1)

20分　/14問中

1 平面の決定　次の平面のうち，平面が1つに決まるものをすべて選び，番号で答えなさい。

① 2点をふくむ平面
② 1つの直線上にない3点をふくむ平面
③ 平行な2つの直線をふくむ平面
④ 交わる2つの直線をふくむ平面
⑤ ねじれの位置にある2つの直線をふくむ平面
⑥ 1つの直線と，その直線上にない1点をふくむ平面

2 面の動き　次の図をその面と垂直な方向に動かすと，どんな立体ができますか。

(1) 四角形

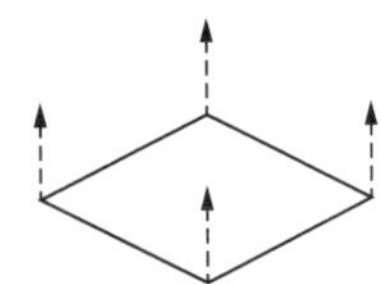

(2) 五角形

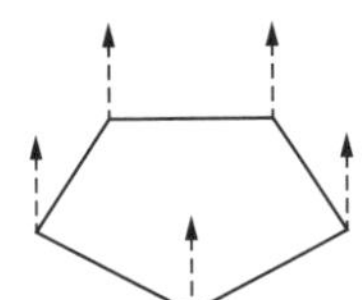

(3) 円

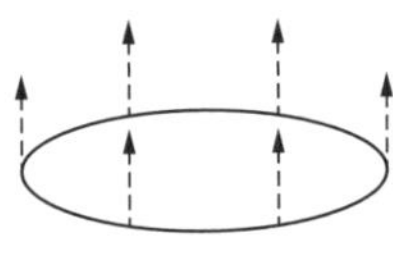

3 回転体　右の図形㋐，㋑，㋒を，直線 ℓ を軸として回転させるとき，次の問に答えなさい。

(1) 右の図で，辺ABのことを，回転させてできる立体の何といいますか。

㋐ 長方形

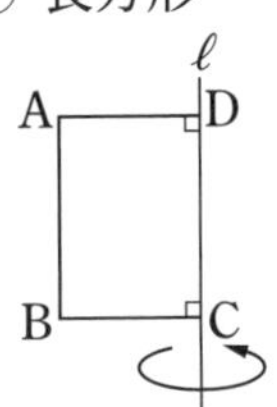

㋑ 直角三角形

㋒ 半円

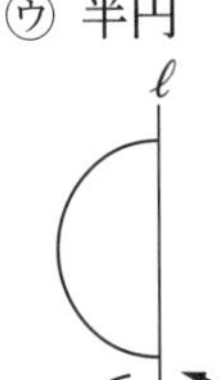

(2) それぞれどんな立体ができますか。また，回転させてできる立体を回転の軸をふくむ平面で切ったり，回転の軸に垂直な平面で切ると，その切り口はどんな図形になりますか。下の表を完成させなさい。

	㋐	㋑	㋒
立体			
回転の軸をふくむ平面で切る			
回転の軸に垂直な平面で切る			

2 角柱や円柱は，底面がそれと垂直な方向に動いてできた立体とも考えられ，動いた距離が高さになる。

2節 立体の見方と調べ方(2)　3節 立体の体積と表面積

テストに出る！ 教科書のココが要点

さらっとまとめ（赤シートを使って，□に入るものを考えよう。）

1 投影図 教 p.206～p.207

・立体をある方向から見て平面に表した図を［投影図］といい，真上から見た［平面図］と，正面から見た［立面図］を使って表すことが多い。

※投影図では，平面図と立面図の対応する頂点を上下でそろえてかき，破線で結んでおく。また，実際に見える辺は実線で示し，見えない辺は破線で示す。

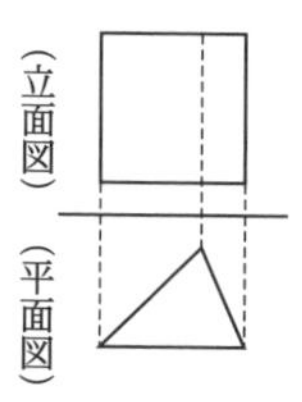

2 立体の体積と表面積 教 p.210～p.217

・角柱や円柱の体積　(体積)＝(底面積)×(高さ)

・角錐や円錐の体積　(体積)＝［$\frac{1}{3}$］×(底面積)×(高さ)

・角柱や円柱の表面積　(表面積)＝(側面積)＋(底面積)×［2］

・角錐や円錐の表面積　(表面積)＝(側面積)＋(底面積)

・球の体積 V と表面積 S (半径 r)　$V=$［$\frac{4}{3}\pi r^3$］　$S=$［$4\pi r^2$］

スピード確認（□に入るものを答えよう。答えは，下にあります。）

1

□ 右の投影図で，平面図は［①］，立面図は二等辺三角形だから，右の立体は［②］を表している。

★立面図で「柱」か「錐」を判断する。

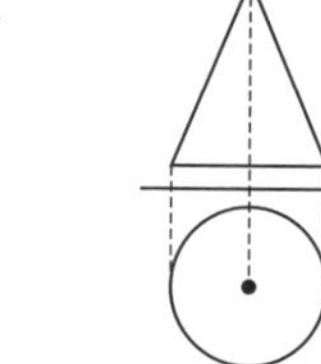

2

□ 右下の図は，円柱とその展開図です。
この円柱について，
側面積は［③］cm^2，

★円柱の側面になる長方形の横の長さは $(2\pi\times3)$ cm

底面積は［④］cm^2 だから，
表面積は［③］＋［④］×2＝［⑤］(cm^2)

★円柱だから，底面が2つある。

体積は［④］×6＝［⑥］(cm^3)

□ 半径 12 cm の球の体積は［⑦］(cm^3)，
表面積は［⑧］(cm^2)

★体積は $\frac{4}{3}\pi r^3$ を使う。表面積は $4\pi r^2$ を使う。

3 cm
6 cm

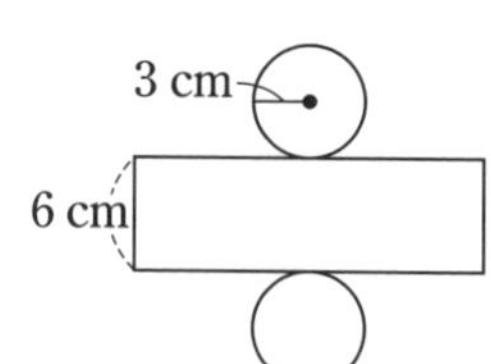

①
②
③
④
⑤
⑥
⑦
⑧

答 ①円　②円錐　③$36\pi$　④$9\pi$　⑤$54\pi$　⑥$54\pi$　⑦$2304\pi$　⑧$576\pi$

基礎力UP テスト対策問題

1 円柱の展開図　底面の半径が 16 cm の円柱があります。この円柱の展開図をかくとき，側面になる長方形の横の長さは何 cm にすればよいですか。

2 円錐の展開図　右の円錐の展開図について，次の問に答えなさい。

(1)　側面になるおうぎ形の中心角を求めなさい。

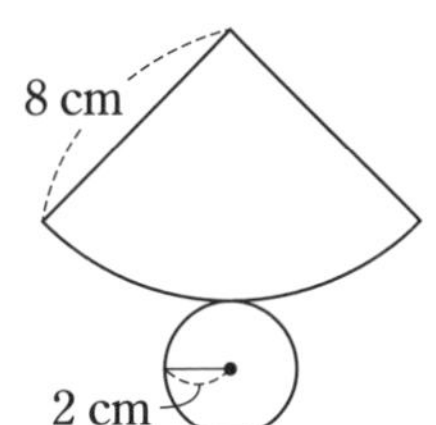

(2)　側面になるおうぎ形の面積を求めなさい。

ポイント

円錐の表面積の求め方

1　展開図をかく。

2　中心角を求める。

$360° \times \frac{(底面の円の円周)}{\left(\begin{array}{l}母線の長さを半径\\とする円の円周\end{array}\right)}$

$\rightarrow 360° \times \frac{(底面の半径)}{(母線の長さ)}$

3　側面積を求める。

4　底面積を求めて，(側面積)＋(底面積)を計算する。

3 投影図　右の図は正四角錐の投影図の一部を示したものです。かきたりないところをかき加えて，投影図を完成させなさい。

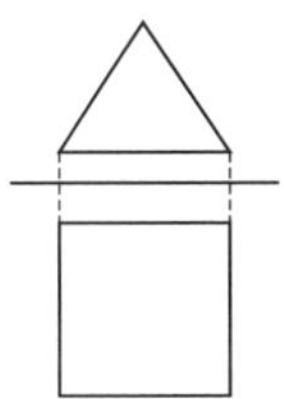

4 立体の体積　次の立体の体積を求めなさい。

(1)　正四角錐

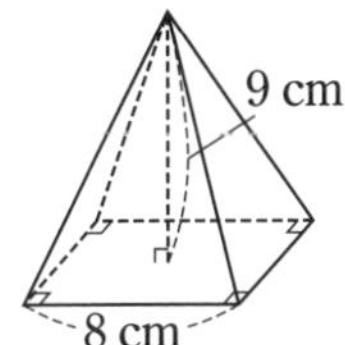

(2)　円錐

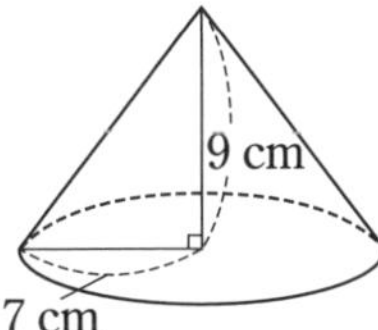

角錐や円錐の体積を求めるときは，$\frac{1}{3}$ をかけることを忘れないようにしよう。

5 立体の表面積　次の立体の表面積を求めなさい。

(1)　正四角錐

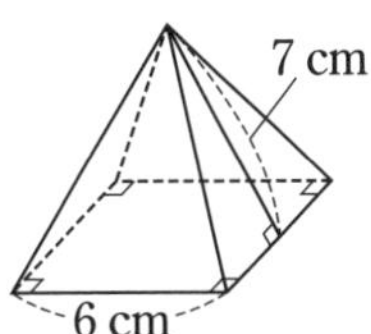

(2)　円錐

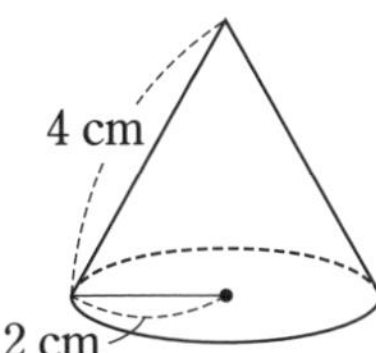

テストに出る!

予想問題 ① 6章［空間図形］立体の見方をひろげよう 2節 立体の見方と調べ方 (2)

🕓20分

/10問中

1 角錐の展開図　右の図は，ある立体の展開図です。△CDE は正三角形で，他の三角形はすべて二等辺三角形であるとき，この展開図を組み立ててできる立体について，次の問に答えなさい。

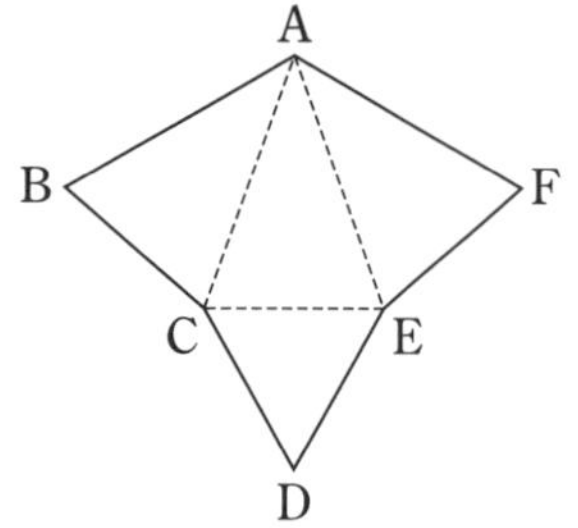

(1)　立体の名まえは何ですか。

(2)　頂点Bと重なる頂点はどれですか。また，辺 AB と重なる辺はどれですか。

(3)　辺 AC とねじれの位置にある辺はどれですか。

2 よく出る　立体の投影図　次の(1)〜(3)の投影図は，三角錐，四角錐，四角柱，円柱，球のうち，どの立体を表していますか。

(1)
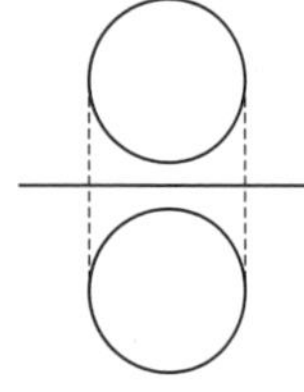

(2)
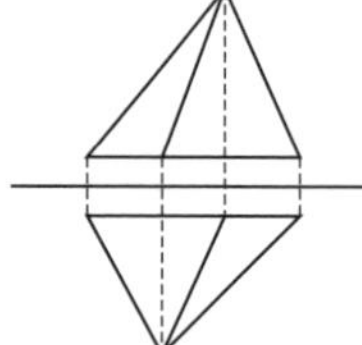

(3)
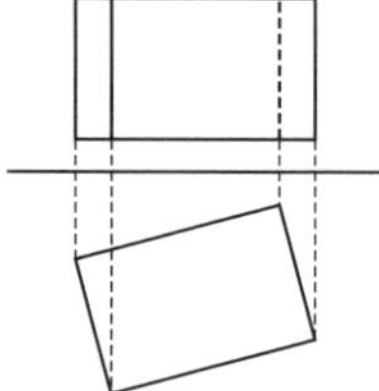

3 立体の投影図　右の図は，正四角錐の投影図の一部を示したものです。

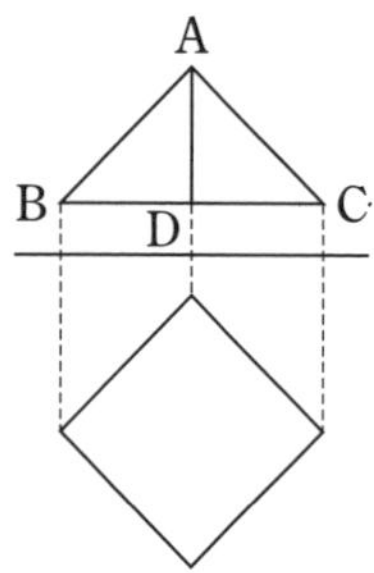

(1)　立面図の線分 AB，BC，AD のうち，実際の辺の長さが示されているのはどれですか。

(2)　かきたりないところをかき加えて，投影図を完成させなさい。

4 立体の投影図　立方体をある平面で切ってできた立体を投影図で表したら，図1のようになりました。図2は，その立体の見取図の一部を示したものです。図のかきたりないところをかき加えて，見取図を完成させなさい。

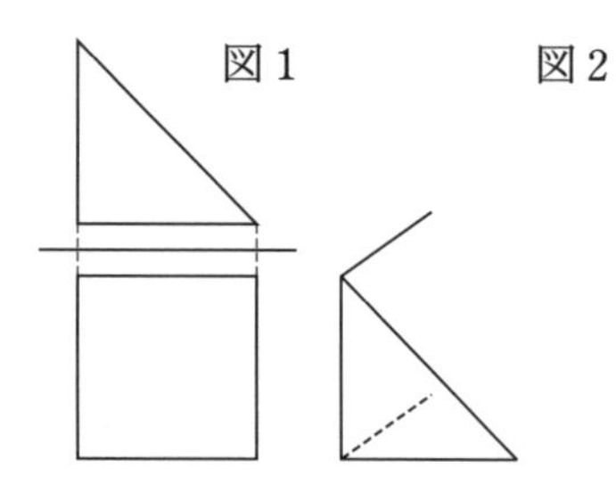

1 見取図をかいて考えてみよう。

4 まずは図1を見て，自分なりの見取図をかいてみよう。

解答 p.18

テストに出る！

予想問題 ❷

6章［空間図形］立体の見方をひろげよう

3節 立体の体積と表面積

20分

/14問中

1 よく出る 円錐の展開図　右の図の円錐の展開図をかくとき，次の問に答えなさい。

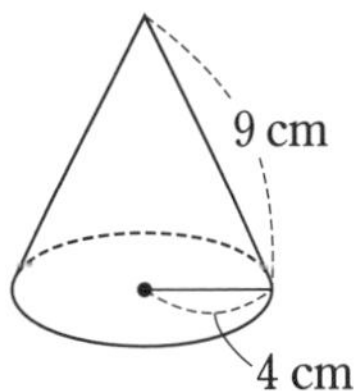

(1) 側面になるおうぎ形の半径は何 cm にすればよいですか。また，中心角は何度にすればよいですか。

(2) 側面になるおうぎ形の弧の長さと面積を求めなさい。

2 よく出る 立体の体積と表面積　次の立体の体積と表面積を求めなさい。

(1) 三角柱

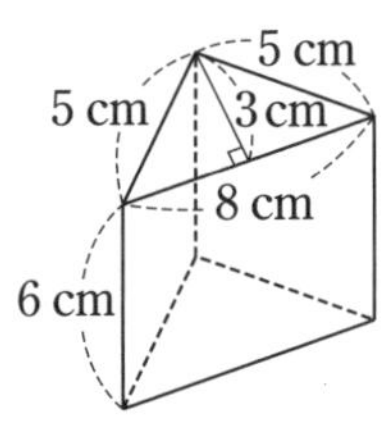

(2) 正四角錐

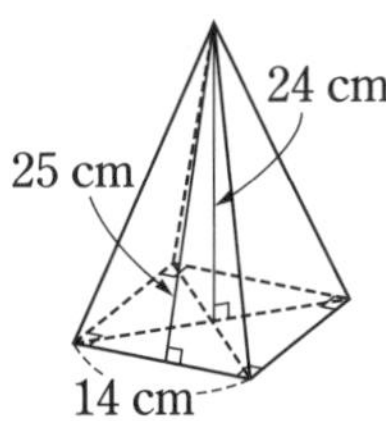

(3) 円柱

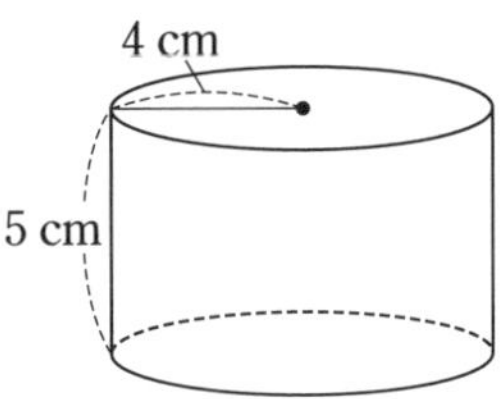

(4) 円錐

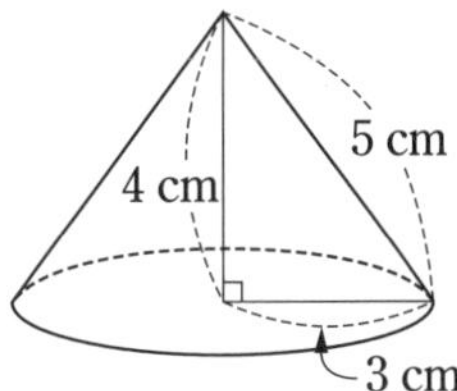

3 回転体の体積と表面積　右の図のような半径 3 cm，中心角 90° のおうぎ形を，直線 ℓ を軸として回転させてできる立体の体積と表面積を求めなさい。

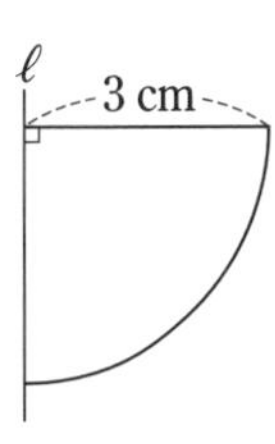

成績UPナビ　**3** 半径 r の球の体積 V と表面積 S　　$V=\dfrac{4}{3}\pi r^3$，$S=4\pi r^2$

テストに出る！

章末予想問題 6章 [空間図形] 立体の見方をひろげよう

30分

/100点

1 次の立体㋐～㋘の中から，(1)～(5)のそれぞれにあてはまるものをすべて選び，記号で答えなさい。

5点×5〔25点〕

㋐ 正三角柱　㋑ 正四角柱　㋒ 正六面体　㋓ 円柱　㋔ 正三角錐
㋕ 正四角錐　㋖ 正八面体　㋗ 円錐　㋘ 球

(1) 正三角形の面だけで囲まれた立体

(2) 正方形の面だけで囲まれた立体

(3) 5つの面で囲まれた立体

(4) 平面図形を回転させてできる立体

(5) 平面図形をその面と垂直な方向に動かしてできる立体

2 右の図は底面が AD∥BC の台形である四角柱です。この四角柱について，次のそれぞれにあてはまるものをすべて答えなさい。

5点×6〔30点〕

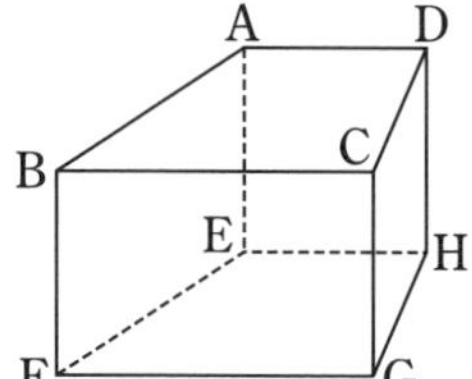

(1) 辺 AD と平行な面

(2) 面 ABFE と平行な辺

(3) 辺 AE と垂直な面

(4) 面 ABCD と垂直な辺

(5) 面 AEHD と垂直な面

(6) 辺 AB とねじれの位置にある辺

3 差がつく 空間にある直線や平面について述べた次の文のうち，正しいものをすべて選び，記号で答えなさい。

〔7点〕

㋐ 交わらない2つの直線は平行である。
㋑ 1つの直線に平行な2つの直線は平行である。
㋒ 1つの直線に垂直な2つの直線は平行である。
㋓ 1つの直線に垂直な2つの平面は平行である。
㋔ 1つの平面に垂直な2つの直線は平行である。
㋕ 平行な2つの平面上の直線は平行である。

満点ゲット作戦

体積を求める→投影図や見取図で立体の形を確認する。
表面積を求める→展開図をかくとすべての面が確認できる。

4 次の(1)，(2)の投影図で表された三角柱や円錐の体積を求めなさい。　8点×2〔16点〕

(1)

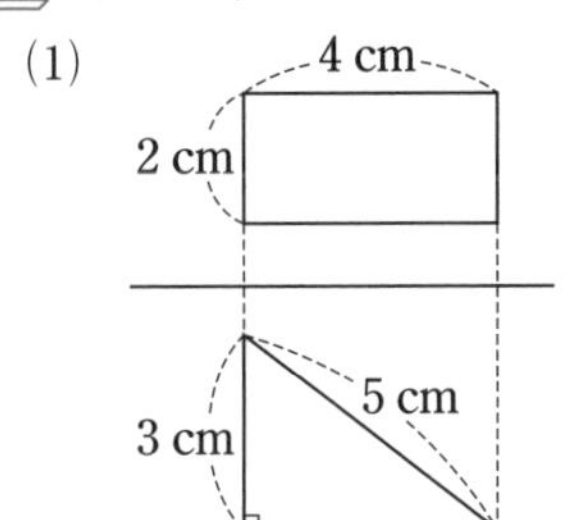

(2)

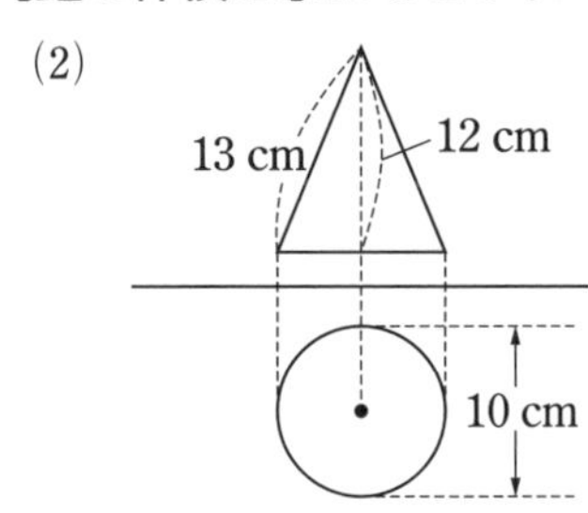

5 直方体のふたのない容器いっぱいに水を入れて，右の図のように傾けると，何 cm^3 の水が残りますか。　〔8点〕

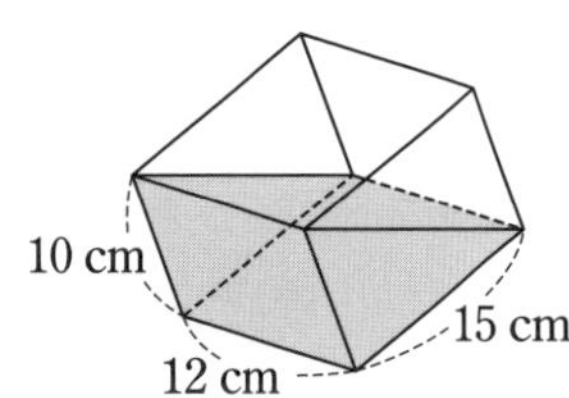

6 差がつく　右の図のような直角三角形と長方形を組み合わせた図形を，直線 ℓ を軸として回転させてできる立体の体積と表面積を求めなさい。
7点×2〔14点〕

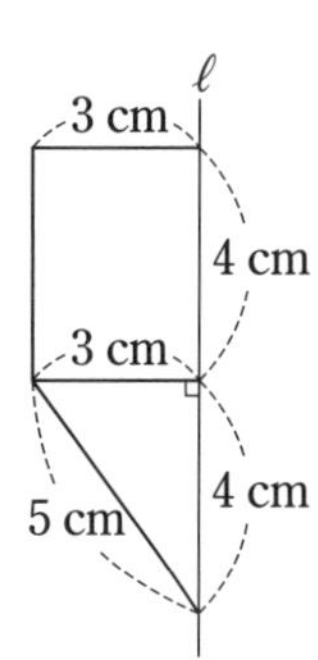

1	(1)	(2)	(3)
	(4)	(5)	
2	(1)	(2)	
	(3)	(4)	
	(5)	(6)	
3		4	(1) / (2)
5		6	体積 / 表面積

1	2	3	4	5	6
/25点	/30点	/7点	/16点	/8点	/14点

7章 [データの分析と活用] データを活用して判断しよう

1節 データの整理と分析　2節 データの活用　3節 ことがらの起こりやすさ

テストに出る！ 教科書のココが要点

さらっとまとめ（赤シートを使って，□に入るものを考えよう。）

1 データの整理と分析 教 p.224〜p.231

・各階級に入るデータの個数を［度数］，度数を整理した表を［度数分布表］という。

・最初の階級から，ある階級までの度数の合計を［累積度数］という。

・階級の幅を横，度数を縦とする長方形を並べた右のようなグラフを［ヒストグラム］または［柱状グラフ］という。

(人) 12, 10, 8, 6, 4, 2, 0 / 10 20 30 40 50 60 70 (分)

・ヒストグラムで，おのおのの長方形の上の辺の中点を順に結んだグラフを［度数折れ線］という。

・各階級の度数の，度数の合計に対する割合を，その階級の［相対度数］という。

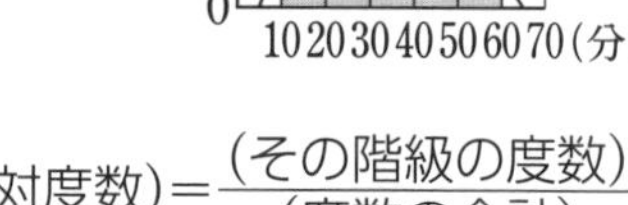

$$(\text{相対度数})=\frac{(\text{その階級の度数})}{(\text{度数の合計})}$$

・最初の階級から，ある階級までの相対度数を合計したものを，［累積相対度数］という。

・代表値として，個々のデータの値の合計をデータの総数でわった値の［平均値］，データの値を大きさの順に並べたときの中央の値の［中央値（メジアン）］，データの中で，もっとも多く出てくる値の［最頻値（モード）］を用いることが多い。

・データの総数が偶数の場合，中央にある2つの値の［平均値］を中央値とする。

・度数分布表で，それぞれの階級の真ん中の値を［階級値］という。

・データの最大値から最小値をひいた値を，分布の［範囲］または［レンジ］という。

2 起こりやすさの表し方 教 p.236〜p.239

・あることがらが起こると期待される程度を数で表したものを，そのことがらの起こる［確率］という。多数回の実験を行ったときでは，［相対度数］を確率と考える。

スピード確認（□に入るものを答えよう。答えは，下にあります。）

1 □ 右の表は，ある品物の重さを整理した表である。15 g 以上 20 g 未満の階級の階級値は［①］，最頻値は［②］，15 g 以上 20 g 未満の階級の相対度数は［③］である。また，15 g 以上 20 g 未満の階級までの累積度数は［④］である。

★度数分布表では，度数のもっとも多い階級の階級値を最頻値として用いる。

重さ (g) 以上　未満	度数 (個)
5〜10	8
10〜15	26
15〜20	13
20〜25	3
合計	50

①
②
③
④
⑤

2 □ びんのふたを1000回投げて450回表が出たとき，表が出る確率は［⑤］であると考えられる。

答 ①17.5 g　②12.5 g　③0.26　④47 個　⑤0.45

 解答 p.19

テストに出る！

予想問題

7章［データの分析と活用］データを活用して判断しよう
1節 データの整理と分析　2節 データの活用　3節 ことがらの起こりやすさ

20分

/13問中

1 よく出る　度数分布表，相対度数　右の表は，50人の生徒の身長を測定した結果を度数分布表に整理したものです。

身長(cm)	度数(人)
以上　未満	
140〜145	9
145〜150	12
150〜155	14
155〜160	10
160〜165	5
合計	50

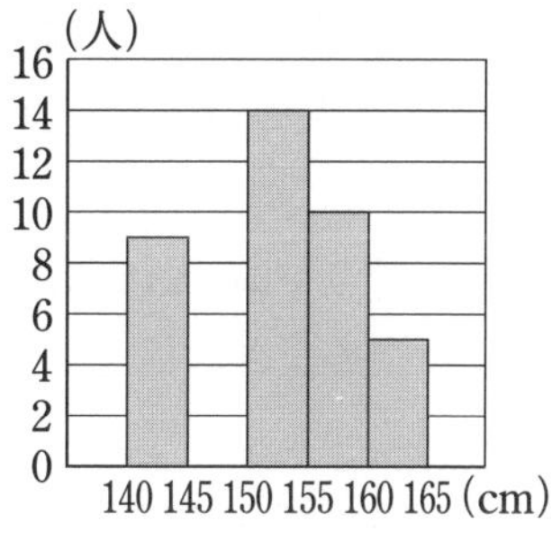

(1) 身長が 145 cm の生徒は，どの階級に入りますか。

(2) 身長が 155 cm 以上の生徒は何人いますか。

(3) 右のヒストグラムを完成させなさい。また，度数折れ線をかき入れなさい。

(4) 150 cm 以上 155 cm 未満の階級の累積度数を求めなさい。

2 相対度数，累積度数　右の表は，ある中学校の1年生60人の数学のテストの得点を整理したものです。

階級(点)	度数(人)	相対度数	累積相対度数
以上　未満			
0〜 20	6	0.10	0.10
20〜 40	12	②	⑤
40〜 60	21	③	⑥
60〜 80	①	④	⑦
80〜100	6	0.10	1.00
合計	60	1.00	

(1) 表の①〜⑦にあてはまる数を求めなさい。

(2) 最頻値を求めなさい。

3 確率　画びょうを2000回投げたら，1160回針が上向きになりました。この画びょうを投げるとき，針が上向きになる確率は，どのくらいだと考えられますか。

2 (1) それぞれの階級の度数を，度数の合計の60でわって，相対度数を求める。
(2) 度数のもっとも多い階級の階級値を求める。

 解答 p.20

テストに出る!

章末予想問題 7章 [データの分析と活用] データを活用して判断しよう

15分 /100点

1 差がつく 右の表は，ある中学校の1年男子60人と女子50人について，英語のテストの得点を整理したものです。 12点×4〔48点〕

得点(点)	度数(人)	
	男子	女子
以上 未満		
0〜 20	6	3
20〜 40	①	10
40〜 60	②	18
60〜 80	15	14
80〜100	6	5
合計	60	50

(1) 得点が60点以上80点未満の階級の男子の相対度数を求めなさい。

(2) 得点が60点以上の人の割合が大きいのは男子と女子のどちらですか。

(3) 表から相対度数を求めたところ，20点以上40点未満の階級の男子の相対度数と20点以上40点未満の階級の女子の相対度数が等しくなりました。上の表の①，②にあてはまる数を求めなさい。

2 下のデータは，9人の生徒のハンドボール投げの記録(m)を示したものです。

20，15，27，21，23，29，27，16，18 12点×3〔36点〕

(1) 記録の分布の範囲を求めなさい。

(2) 中央値を求めなさい。

(3) 上のデータに，10人目の生徒の記録25 mが加わったときの中央値を求めなさい。

3 ペットボトルのキャップを投げる実験を2000回行ったところ，表が出た回数は380回でした。このペットボトルのキャップを投げたとき，表が出る確率は，どのくらいだと考えられますか。 〔16点〕

1	(1)	(2)	
	(3) ①	②	
2	(1)	(2)	(3)
3			

1	/48点	2	/36点	3	/16点

中間・期末の攻略本

解答と解説

取りはずして使えます!

東京書籍版 数学1年

0章 算数から数学へ 1章 数の世界をひろげよう

p.3 テスト対策問題

1 (1) 2, 3, 5, 7

(2) ① 3 ② 3

2 (1) −3 時間 (2) +12 kg

3 (1) A…+3 B…+0.5

C…−2 D…−5.5

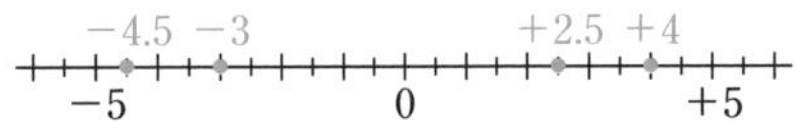

(2) ① −5<−3 ② −7<−4<+5

(3) −3

4 (1) ① 9 ② 2.5

③ 7.2 ④ 3.8

(2) +5, −5 (3) 9 個

解説

1 (1) 2=1×2, 3=1×3, 5=1×5, 7=1×7 と, すべて 1 とその数自身の積でしか表せない。

2 ポイント 反対の性質をもつ量は, 正の数, 負の数を使って表すことができる。

3 (1) 数直線では, 基準の点に数 0, 0 より右側に正の数, 左側に負の数を対応させている。

(2) ② ミス注意! 3 つの数を大きさの順に並べるときは, 数の小さいほうから, または, 数の大きいほうから並べる。

(3) 数直線をかいて考える。

4 (1) 絶対値は, 正や負の数から, +や−の符号をとった数になる。

(2) 注意 ある絶対値になるもとの数は, 0 を除いて, +と−の 2 つの数がある。

(3) 数直線をかいて大小関係を考えると, −4 以上 +4 以下の整数とわかる。

p.4 予想問題

1 78=2×3×13

2 (1) ① −6℃ ② +3.5℃

(2) ① 地点Aから東へ800 m移動すること

② 地点Aから西へ300 m移動すること

3 (1) −5<+3 (2) −0.04<0<+0.4

(3) $-\frac{2}{5}<-0.3<-\frac{1}{4}$

4 (1) $-\frac{5}{2}$ (2) −2 と +2

(3) $+\frac{2}{3}$ (4) 3 個

解説

1 2) 78 ← 78÷2=39

3) 39 ← 39÷3=13

13

3 ポイント 数の大小は数直線をかいて考えるとよい。特に, 負の数どうしのときは注意する。

(2) (負の数)<0<(正の数)

(3) 小数になおして考える。

$-\frac{1}{4}=-0.25$, $-\frac{2}{5}=-0.4$

−0.4<−0.3<−0.25

4 数直線上に数を表して考える。分数は小数になおして考える。$+\frac{2}{3}=+0.66\cdots$, $-\frac{5}{2}=-2.5$

$-\frac{5}{2}$ −2.3 −0.8 $+\frac{2}{3}$ +1.5

−2 −1 0 +1 +2

(3) 絶対値がもっとも小さい数は 0, 小さいほうから 2 番目の数は, 0 にもっとも近い $+\frac{2}{3}$

(4) −1 から +1 の間の数である。

p.6 テスト対策問題

1 (1) -5　(2) -2　(3) 3
(4) -22　(5) -8　(6) -4

2 (1) 48　(2) 48　(3) -35
(4) -9

3 (1) 8^3　(2) $(-1.5)^2$

4 (1) -27　(2) -16　(3) 125
(4) 1000

5 (1) -10　(2) $\frac{5}{17}$　(3) $-\frac{1}{21}$
(4) $\frac{5}{3}$

6 (1) -6　(2) 12　(3) $-\frac{2}{9}$
(4) -15

解説

1 (1) $(-8)+(+3)=-(8-3)=-5$
(2) $(-6)-(-4)=(-6)+(+4)=-(6-4)=-2$
(3) $(+5)+(-8)+(+6)=5-8+6=5+6-8$
$=11-8=3$

2 (1) $(+8)\times(+6)=+(8\times6)=+48=48$
(2) $(-4)\times(-12)=+(4\times12)=+48=48$
(3) $(-5)\times(+7)=-(5\times7)=-35$
(4) $\left(-\frac{3}{5}\right)\times15=-\left(\frac{3}{5}\times15\right)=-9$

4 (1) $(-3)^3=(-3)\times(-3)\times(-3)$
$=-(3\times3\times3)=-27$
(2) $-2^4=-(2\times2\times2\times2)=-16$
(3) $(-5)\times(-5^2)=(-5)\times(-25)=+(5\times25)$
$=+125=125$
(4) $(5\times2)^3=10^3=10\times10\times10=1000$

5 ポイント　逆数は，分数では，分子と分母の数字を逆にすればよい。(3)の -21 は $-\frac{21}{1}$，(4)の小数の 0.6 は分数の $\frac{3}{5}$ になおして考える。

6 (1) $(+54)\div(-9)=-(54\div9)=-6$
(2) $(-72)\div(-6)=+(72\div6)=+12=12$
(3) $(-8)\div(+36)=-(8\div36)=-\frac{8}{36}=-\frac{2}{9}$
(4) $18\div\left(-\frac{6}{5}\right)=18\times\left(-\frac{5}{6}\right)=-\left(18\times\frac{5}{6}\right)$
$=-15$

p.7 予想問題 ❶

1 (1) 22　(2) 16　(3) -9.6
(4) $\frac{1}{6}$　(5) -3　(6) -6
(7) -3　(8) 6.8　(9) 3.3
(10) $-\frac{3}{4}$

2 (1) -120　(2) -0.92　(3) 0
(4) $\frac{1}{2}$

3 (1) 340　(2) -1300　(3) -48
(4) 180

解説

1 (1) $(+9)+(+13)=+(9+13)=+22=22$
(2) $(-11)-(-27)=(-11)+(+27)$
$=+(27-11)=+16=16$
(3) $(-7.5)+(-2.1)=-(7.5+2.1)=-9.6$
(4) $\left(+\frac{2}{3}\right)-\left(+\frac{1}{2}\right)=\left(+\frac{2}{3}\right)+\left(-\frac{1}{2}\right)$
$=\left(+\frac{4}{6}\right)+\left(-\frac{3}{6}\right)=+\left(\frac{4}{6}-\frac{3}{6}\right)=+\frac{1}{6}=\frac{1}{6}$
(5) $-7+(-9)-(-13)=-7-9+13$
$=-16+13=-3$
(6) $6-8-(-11)+(-15)=6-8+11-15=-6$
(7) $-3.2+(-4.8)+5=-3.2-4.8+5$
$=-8+5=-3$
(8) $4-(-3.2)+\left(-\frac{2}{5}\right)=4+3.2+(-0.4)$
$=7.2-0.4=6.8$
(9) $2-0.8-4.7+6.8=2+6.8-0.8-4.7$
$=8.8-5.5=3.3$
(10) $-1+\frac{1}{3}-\frac{5}{6}+\frac{3}{4}=-1-\frac{5}{6}+\frac{1}{3}+\frac{3}{4}$
$=-\frac{12}{12}-\frac{10}{12}+\frac{4}{12}+\frac{9}{12}=-\frac{22}{12}+\frac{13}{12}=-\frac{9}{12}$
$=-\frac{3}{4}$

3 (1) $4\times(-17)\times(-5)=+(4\times17\times5)=340$
(2) $13\times(-25)\times4=-(13\times25\times4)$
$=-13\times100=-1300$
(3) $\underline{(-2)^4}\times(-3)=16\times(-3)=-48$
↑ $(-2)^4=(-2)\times(-2)\times(-2)\times(-2)=16$
(4) $-3^2\times5\times(-4)=-9\times5\times(-4)$
$=+(9\times5\times4)=180$

p.8 予想問題 ❷

1 (1) -9　(2) 0　(3) $\frac{5}{8}$
(4) -6

2 (1) 12　(2) -16　(3) 128
(4) 15　(5) -10　(6) $\frac{7}{2}$
(7) -2　(8) -12

3 (1) -44　(2) -4　(3) -10
(4) 10.8　(5) 1.5　(6) 1
(7) $\frac{29}{9}$　(8) $-\frac{3}{4}$

解説

1 (3) $\left(-\frac{35}{8}\right)\div(-7)=\left(-\frac{35}{8}\right)\times\left(-\frac{1}{7}\right)$
$=+\left(\frac{35}{8}\times\frac{1}{7}\right)=\frac{5}{8}$

2 (2) $(-96)\times(-2)\div(-12)$
$=(-96)\times(-2)\times\left(-\frac{1}{12}\right)=-16$

(3) $-5\times16\div\left(-\frac{5}{8}\right)=-5\times16\times\left(-\frac{8}{5}\right)=128$

(5) $\left(-\frac{3}{4}\right)\times\frac{8}{3}\div0.2=\left(-\frac{3}{4}\right)\times\frac{8}{3}\div\frac{1}{5}$
$=\left(-\frac{3}{4}\right)\times\frac{8}{3}\times\frac{5}{1}=-10$

(7) $(-3)\div(-12)\times32\div(-4)$
$=(-3)\times\left(-\frac{1}{12}\right)\times32\times\left(-\frac{1}{4}\right)=-2$

(8) $(-20)\div(-15)\times(-3^2)$
$=(-20)\times\left(-\frac{1}{15}\right)\times(-9)=-12$

3 (1) $4-(-6)\times(-8)=4-48=-44$
(3) $6\times(-5)-(-20)=-30+20=-10$
(4) $(-1.2)\times(-4)-(-6)=4.8+6=10.8$
(5) $6.3\div(-4.2)-(-3)=-1.5+3=1.5$

(7) $\frac{6}{7}\div\frac{3}{14}-\left(-\frac{7}{8}\right)\times\left(-\frac{8}{9}\right)$
$=\frac{6}{7}\times\frac{14}{3}-\frac{7}{8}\times\frac{8}{9}=4-\frac{7}{9}=\frac{29}{9}$

(8) $\frac{3}{4}\div\left(-\frac{2}{7}\right)-\left(-\frac{3}{2}\right)\times\frac{5}{4}$
$=\frac{3}{4}\times\left(-\frac{7}{2}\right)+\frac{3}{2}\times\frac{5}{4}$
$=-\frac{21}{8}+\frac{15}{8}=-\frac{6}{8}=-\frac{3}{4}$

p.9 予想問題 ❸

1 (1) ㋑　(2) ㋐　(3) ㋒
(4) ㋒　(5) ㋑

2 (1) 163 cm　(2) 14 cm
(3) −12 cm

3 (1) −6 冊　(2) 8 冊　(3) 23 冊

解説

1 ミス注意！ 1，2，3，4，5，…が自然数（1以上の整数）。つまり，正の整数が自然数である。自然数に 0 と負の整数を合わせた数の全体が，整数である。また，0.2 や $-\frac{2}{3}$ など，小数や分数は整数でない数である。

2 (1) $160+3=163$ (cm)
(2) 表から，もっとも背が高い生徒はD，もっとも背が低い生徒はFである。
基準との差を使って求める。
$(+8)-(-6)=8+6=14$ (cm)
別解 もっとも背が高い生徒D
…$160+8=168$ (cm)
もっとも背が低い生徒F
…$160-6=154$ (cm)
$168-154=14$ (cm)
(3) $+8$ が基準になるから，
$-4-(+8)=-12$ (cm)

3 (1) $(-4)-(+2)=-6$ (冊)
(2) 表から，もっとも多く使った人はC，もっとも少なかった人はDである。
$(+2)-(-6)=+8$ (冊)
(3) Aが使ったノートの冊数は，クラスの冊数の平均より 4 冊少ない 21 冊だから，クラスの冊数の平均は，
$21+4=25$ (冊)
クラスの冊数の平均との差の平均は，
$\{(-4)+0+(+2)+(-6)\}\div4=-2$ (冊)
より，4 人が使ったノートの冊数の平均は，
$25+(-2)=23$ (冊)
別解 それぞれの冊数を求めてから，平均を求めることもできる。
A…21 冊　B…25 冊
C…27 冊　D…19 冊
より，$(21+25+27+19)\div4=23$ (冊)

p.10～p.11 章末予想問題

1 (1) 31, 37, 41, 43, 47

(2) ① $121=11^2$　② $280=2^3\times5\times7$

2 (1) −10分　(2) 2万円の支出

3 (1) −7　(2) −10　(3) $-\frac{2}{7}$

(4) $-\frac{17}{12}$

4 (1) −50　(2) 3　(3) $\frac{8}{3}$

(4) −12　(5) 40　(6) −32

(7) −2　(8) −12　(9) 14

(10) −150

5 (1)

+2	−5	0
−3	−1	+1
−2	+3	−4

(2) −9

6 (1) 0.5点　(2) 60.5点

解説

3 注意　小数や分数の混じった計算は，小数か分数のどちらかにそろえてから計算する。

(3) $-\frac{2}{5}-0.6-\left(-\frac{5}{7}\right)=-\frac{2}{5}-\frac{3}{5}+\frac{5}{7}$

$=-1+\frac{5}{7}=-\frac{2}{7}$

(4) $-1.5+\frac{1}{3}-\frac{1}{2}+\frac{1}{4}=-\frac{3}{2}-\frac{1}{2}+\frac{1}{3}+\frac{1}{4}$

$=-2+\frac{4}{12}+\frac{3}{12}=-2+\frac{7}{12}=-\frac{17}{12}$

4 ポイント　次の順序で計算する。

累乗やかっこの中の計算 → 乗除 → 加減

(10) $3\times(-18)+3\times(-32)$

$=3\times\{(-18)+(-32)\}=3\times(-50)=-150$

5 (1) 3つの数の和は，

$(+2)+(-1)+(-4)=-3$ になる。

表はわかるところから，計算で求めていく。

6 (1) $\{(+6)+(-8)+(+18)+(-5)+0$

$+(-15)+(+11)+(-3)\}\div8=(+4)\div8$

$=+0.5$ (点)

(2) 基準の60点との差の平均が +0.5点だから，平均は，$60+0.5=60.5$ (点)

別解 $(66+52+78+55+60+45+71+57)$

$\div8=484\div8=60.5$ (点)

2章　数学のことばを身につけよう

p.13 テスト対策問題

1 (1) $-xy$　(2) a^3b^2　(3) $4x+2$

(4) $7-5x$　(5) $5(x-y)$　(6) $\frac{x-y}{5}$

2 (1) $(4x+50)$ 円

(2) 時速 $\frac{a}{4}$ km $\left[\text{時速 } \frac{1}{4}a \text{ km}\right]$

(3) $(x-12y)$ 個　(4) $8(x-y)$

3 (1) 2　(2) $-\frac{1}{9}$　(3) $\frac{1}{27}$

4 (1) $13x$　(2) $-y$

(3) $x-4$　(4) $\frac{1}{2}a-4$

(5) $16a-3$　(6) $9x-13$

解説

1 (1) ミス注意！ $-1xy$ とはしないこと。1は書かずにはぶく。

2 (2) 1時間に進む道のりは，

$a\div4=\frac{a}{4}$ (km)

よって，速さは時速 $\frac{a}{4}$ km

(3) 子どもに配ったみかんの数は，

$y\times12=12y$ (個)

3 (2) $-a^2=-(a\times a)$ に $a=\frac{1}{3}$ を代入して，

$-\left(\frac{1}{3}\times\frac{1}{3}\right)=-\frac{1}{9}$

(3) $\frac{a}{9}=\frac{1}{9}a=\frac{1}{9}\times a=\frac{1}{9}\times\frac{1}{3}=\frac{1}{27}$

4 (1) $8x+5x=(8+5)x=13x$

(2) $2y-3y=(2-3)y=-1\times y=-y$

(3) $7x+1-6x-5=7x-6x+1-5$

$=(7-6)x-4=x-4$

(4) $4-\frac{5}{2}a+3a-8=-\frac{5}{2}a+3a+4-8$

$=-\frac{5}{2}a+\frac{6}{2}a-4=\frac{1}{2}a-4$

(5) $(7a-4)+(9a+1)=7a-4+9a+1$

$=7a+9a-4+1=16a-3$

(6) $(6x-5)-(-3x+8)=6x-5+3x-8$

$=6x+3x-5-8=9x-13$

p.14 予想問題 ❶

1 (1) $-5x$ (2) $\frac{5a}{2}$

(3) $\frac{ab^2}{3}$ (4) $\frac{x}{4y}$

2 (1) $2\times a\times b\times b$

(2) $\frac{7}{3}\times x$ 〔$7\div3\times x$〕

(3) $(-6)\times(x-y)$ (4) $2\times a-b\div5$

3 (1) $(300-10m)$ページ

(2) $(50x+100y)$円

4 (1) $(100a-b)$ cm (2) $\frac{xy}{60}$km

5 (1) $\frac{21}{100}x$ 人 (2) $\frac{9}{10}a$ 円

(3) 8π cm

6 (1) 0 (2) 28 (3) $\frac{5}{8}$

解説

1 (3) 除法は逆数をかけることと同じだから，

$a\div3\times b\times b=a\times\frac{1}{3}\times b^2=\frac{ab^2}{3}$

(4) $x\div y\div4=x\times\frac{1}{y}\times\frac{1}{4}=\frac{x}{4y}$

2 (2)(4) 分数はわり算の形で表せる。

3 (2) 50円切手 x 枚の代金は，$50\times x=50x$（円）

100円切手 y 枚の代金は，$100\times y=100y$（円）

4 (1) a m$=100a$ cm だから，$(100a-b)$ cm

(2) y 分を $\frac{y}{60}$ 時間としてから，

(道のり)=(速さ)×(時間) の公式にあてはめる。

5 (1) 21 % は，全体の $\frac{21}{100}$ の割合を表す。

(2) 9割は，全体の $\frac{9}{10}$ の割合を表す。

(3) 円の周の長さは，(直径)×(円周率) で求めるから，$8\times\pi=8\pi$ ← πは数のあとに書く。

6 (1) $-2a-10=-2\times a-10$

$=-2\times(-5)-10=10-10=0$

(2) $3+(-a)^2=3+\{-(-5)\}^2=3+(+5)^2$

$=3+25=28$

(3) $-\frac{a}{8}=-\frac{-5}{8}=\frac{5}{8}$

p.15 予想問題 ❷

1 (1) 項… $3a$，$-5b$

a の係数… 3　b の係数… -5

(2) 項… $-2x$，$\frac{y}{3}$

x の係数… -2　y の係数… $\frac{1}{3}$

2 (1) $11a$ (2) $-4b$

(3) $a+1$ (4) $\frac{3}{4}b-3$

(5) $-x-1$ (6) $-5x$

(7) $5x$ (8) $-8x-7$

(9) $3x-4$ (10) $2a-17$

3 和… $3x-2$　差… $15x+4$

解説

1 (1) $3a-5b=3a+(-5b)$

$3a=3\times a$，$-5b=-5\times b$

(2) $-2x=-2\times x$，$\frac{y}{3}=\frac{1}{3}y=\frac{1}{3}\times y$

2 (1) $4a+7a=(4+7)a=11a$

(2) $8b-12b=(8-12)b=-4b$

(3) $5a-2-4a+3=5a-4a-2+3=a+1$

(4) $\frac{b}{4}-3+\frac{b}{2}=\frac{b}{4}+\frac{b}{2}-3=\frac{1}{4}b+\frac{2}{4}b-3$

$=\frac{3}{4}b-3$

(5) $(3x+6)+(-4x-7)=3x+6-4x-7$

$=3x-4x+6-7=-x-1$

(6) $(-2x+4)-(3x+4)=-2x+4-3x-4$

$=-2x-3x+4-4=-5x$

(7) $(7x-4)+(-2x+4)=7x-4-2x+4$

$=7x-2x-4+4=5x$

(8) $(-4x-5)-(4x+2)=-4x-5-4x-2$

$=-4x-4x-5-2=-8x-7$

3 和…$(9x+1)+(-6x-3)=9x+1-6x-3$

$=3x-2$

差…$(9x+1)-(-6x-3)=9x+1+6x+3$

$=15x+4$

別解 減法は，ひくほうの式の各項の符号を変えて，次のようにしてもよい。

$$\begin{array}{r} 9x+1 \\ -)\ -6x-3 \\ \hline \end{array} \Rightarrow \begin{array}{r} 9x+1 \\ +)\ 6x+3 \\ \hline 15x+4 \end{array}$$

p.17 テスト対策問題

1 (1) $48a$　(2) y

(3) $3x$　(4) $\frac{m}{6}$ $\left[\frac{1}{6}m\right]$

2 (1) $7x+14$　(2) $-8x+2$

(3) $2x-1$　(4) $3x-4$

(5) $3x-2$　(6) $6x+16$

3 (1) $5x+6$　(2) $14x+7$

(3) $3x-14$　(4) $-19x+8$

4 3の倍数

5 (1) $5a+150=500$　(2) $2x-y\geqq 8$

解説

1 (1) $8a\times 6=8\times a\times 6=8\times 6\times a=48a$

(2) $6\times\frac{1}{6}y=6\times\frac{1}{6}\times y=1\times y=y$

(3) $15x\div 5=\frac{15x}{5}=3x$

(4) $3m\div 18=\frac{3m}{18}=\frac{m}{6}$

別解 $3m\times\frac{1}{18}=3\times\frac{1}{18}\times m=\frac{1}{6}m$

2 (1) $7(x+2)=7\times x+7\times 2=7x+14$

(2) $(4x-1)\times(-2)=4x\times(-2)+(-1)\times(-2)$
$=-8x+2$

(3) $\frac{1}{4}(8x-4)=\frac{1}{4}\times 8x+\frac{1}{4}\times(-4)=2x-1$

(4) $\left(\frac{1}{2}x-\frac{2}{3}\right)\times 6=\frac{1}{2}x\times 6+\left(-\frac{2}{3}\right)\times 6$
$=3x-4$

(5) $(6x-4)\div 2=(6x-4)\times\frac{1}{2}=3x-2$

(6) $\frac{3x+8}{2}\times 4=(3x+8)\times 2=6x+16$

3 (1) $3(x+4)+2(x-3)=3x+12+2x-6$
$=5x+6$

(2) $2(4x-10)+3(2x+9)=8x-20+6x+27$
$=14x+7$

(3) $4(2x-1)-5(x+2)=8x-4-5x-10$
$=3x-14$

(4) $5(-2x+1)-3(3x-1)=-10x+5-9x+3$
$=-19x+8$

4 $n+2n=3n$

nは整数だから，$3n$は3の倍数。

よって，nと$2n$の和は，3の倍数になる。

p.18 予想問題 ❶

1 (1) $-4a$　(2) $\frac{3}{2}x$

(3) $-\frac{5}{4}b$　(4) $-\frac{12}{7}y$

2 (1) $24a-56$　(2) $-2m+5$

(3) $-4a+17$　(4) $-24a+30$

3 (1) $12x-23$　(2) $8x-7$

(3) $5a+6$　(4) 8

4 (1) $10x+3$　(2) $8n$

解説

1 (2) $(-7)\times\left(-\frac{3}{14}x\right)=-7\times\left(-\frac{3}{14}\right)\times x$
$=\frac{3}{2}\times x=\frac{3}{2}x$

(4) $\frac{3}{4}y\div\left(-\frac{7}{16}\right)=\frac{3}{4}y\times\left(-\frac{16}{7}\right)$
$=\frac{3}{4}\times\left(-\frac{16}{7}\right)\times y=-\frac{12}{7}\times y=-\frac{12}{7}y$

2 (2) $-(2m-5)=(-1)\times(2m-5)$ と考える。

(3) $(20a-85)\div(-5)=(20a-85)\times\left(-\frac{1}{5}\right)$
$=20a\times\left(-\frac{1}{5}\right)+(-85)\times\left(-\frac{1}{5}\right)=-4a+17$

別解 $(20a-85)\div(-5)=\frac{20a-85}{-5}$
$=\frac{20a}{-5}+\frac{-85}{-5}=-4a+17$

(4) $(-18)\times\frac{4a-5}{3}=(-6)\times(4a-5)$
$=-24a+30$

3 (1) $-2(4-3x)+3(2x-5)$
$=-8+6x+6x-15=12x-23$

(2) $\frac{1}{3}(6x-12)+\frac{3}{4}(8x-4)=2x-4+6x-3$
$=8x-7$

(3) $4(3a-2)-7(a-2)$
$=12a-8-7a+14=5a+6$

(4) $8(3x-5)-6(4x-8)$
$=24x-40-24x+48=8$

4 (1) ミス注意！ 十の位がx，一の位がyである2けたの整数は，$10x+y$と表せる。

(2) ポイント ある数○の倍数を，文字を使って表すには，nを整数とするとき，$○\times n$の形で表せる。

p.19 予想問題 ❷

1 (1) $2x+3>15$　(2) $8a<100$
(3) $6x \geqq 3000$　(4) $2a=3b$
(5) $\frac{3}{10}x<y$　(6) $50=8a+b$

2 (1) 11 本
(2) ① 2　② $2n+1$
(3) 61 本

解説

1 ポイント　等式は「＝」を使って表す。
不等式は「<，>，≦，≧」を使って表す。
a は b より小さい…$a<b$
a は b より大きい…$a>b$
a は b 以下である…$a \leqq b$
a は b 以上である…$a \geqq b$
a は b 未満である…$a<b$
(1) $x \times 2+3>15$
(2) $a \times 8<100$
(3) $x \times 6 \geqq 3000$
(4) $a \times 2=b \times 3$
(5) ポイント　1％は $\frac{1}{100}$ と表せるから，果汁30％のジュース x mL にふくまれている果汁の量は，
$x \times \frac{30}{100}=\frac{3}{10}x$ (mL)
(6) 配ったりんごの数は，$a \times 8=8a$ (個) だから，りんごの総数は $(8a+b)$ 個になる。
別解　$50-8a=b$ という等式でもよい。

2 (1) 5個の正三角形をつくるのに必要なマッチ棒は，左端の1本に2本のまとまりが増えていくと考えると，
$1+2 \times 5=11$ (本)
(2) n 個の正三角形をつくるのに必要なマッチ棒の本数は次のようになる。
(左端の1本)+(2本のまとまり)$\times n$
$=1+2 \times n=2n+1$ (本)
参考　1個目の正三角形でマッチ棒を3本使い，2個目以降は2本のまとまりで増えていくと考えると，
$3+2 \times (n-1)=3+2n-2=2n+1$ (本)
(3) $2n+1$ に $n=30$ を代入して，
$2 \times 30+1=61$ (本)

p.20～p.21 章末予想問題

1 (1) $-2ab-5$　(2) $3x-\frac{y^2}{2}$
(3) $\frac{a(b+c)}{4}$　(4) $\frac{a^2c}{3b}$

2 (1) $\frac{x}{12}$ 円　(2) $2(x+y)$ cm
(3) $\frac{2}{25}a$ kg　(4) ab m

3 1個 x 円のみかん2個と1個 y 円のりんご2個の代金の合計

4 (1) $\left(x+\frac{y}{1000}\right)$ kg　(2) (時速) $\frac{60a}{b}$ km

5 (1) 54　(2) $-\frac{5}{2}$

6 (1) $3x-2$　(2) $-\frac{3}{2}a-\frac{1}{3}$
(3) $-\frac{7}{6}a-\frac{3}{4}$　(4) $-16x+12$
(5) $-9x+4$　(6) $-6x+1$

7 (1) $2x=x+6$　(2) $x-10+y \leqq 25$

解説

4 (1) $y\text{ g}=\frac{y}{1000}$ kg
(2) b 分間 $=\frac{b}{60}$ 時間

5 (1) $3x+2x^2=3 \times (-6)+2 \times (-6)^2$
$=-18+72=54$
(2) $\frac{x}{2}-\frac{3}{x}=\frac{-6}{2}-\frac{3}{-6}=-3-\left(-\frac{1}{2}\right)=-\frac{5}{2}$

6 (1) $-x+7+4x-9=-x+4x+7-9$
$=3x-2$
(3) $\left(\frac{1}{3}a-2\right)-\left(\frac{3}{2}a-\frac{5}{4}\right)=\frac{1}{3}a-2-\frac{3}{2}a+\frac{5}{4}$
$=\frac{2}{6}a-\frac{9}{6}a-\frac{8}{4}+\frac{5}{4}=-\frac{7}{6}a-\frac{3}{4}$
(4) $\frac{4x-3}{7} \times (-28)=(4x-3) \times (-4)$
$=-16x+12$
(5) $(-63x+28) \div 7=(-63x+28) \times \frac{1}{7}$
$=-63x \times \frac{1}{7}+28 \times \frac{1}{7}=-9x+4$
(6) $2(3x-7)-3(4x-5)=6x-14-12x+15$
$=-6x+1$

3章　未知の数の求め方を考えよう

p.23 テスト対策問題

1 (1) ① 11　② 15　③ 19　④ 23
(2) ③

2 (1) ① 6　② 6　③ 6　④ 19
(2) ① 4　② 4　③ 4　④ -12

3 (1) $x=9$　(2) $x=-3$
(3) $x=8$　(4) $x=\frac{5}{6}$
(5) $x=5$　(6) $x=-5$
(7) $x=-3$　(8) $x=\frac{5}{3}$
(9) $x=-1$　(10) $x=2$

解説

1 (2) (1)の計算結果が，右辺の 19 になる x の値が答えになる。

2 (1) 等式の性質ではなく，移項の考え方で解くこともできる。

$x-6=13$
$x=13+6$　左辺の -6 を右辺に移項する。
$x=19$

3 ポイント　方程式を解くときは，x をふくむ項を左辺に，数の項を右辺に移項して $ax=b$ の形にしていく。

(1) $x+4=13$　$x=13-4$　$x=9$
(2) $x-2=-5$　$x=-5+2$　$x=-3$
(3) $3x-8=16$　$3x=16+8$　$3x=24$　$x=8$
(4) $6x+4=9$　$6x=9-4$　$6x=5$　$x=\frac{5}{6}$
(5) $x-3=7-x$　$x+x=7+3$　$2x=10$
$x=5$
(6) $6+x=-x-4$　$x+x=-4-6$
$2x=-10$　$x=-5$
(7) $4x-1=7x+8$　$4x-7x=8+1$
$-3x=9$　$x=-3$
(8) $5x-3=-4x+12$　$5x+4x=12+3$
$9x=15$　$x=\frac{5}{3}$
(9) $8-5x=4-9x$　$-5x+9x=4-8$
$4x=-4$　$x=-1$
(10) $7-2x=4x-5$　$-2x-4x=-5-7$
$-6x=-12$　$x=2$

p.24 予想問題 ❶

1 (1) -1　(2) 2　(3) 0
(4) 1

2 ㋐，㋓

3 (1) ① $-$　② $-$　③ -5
④ [2]
(2) ① 3　② 3　③ 4
④ [4]
(3) ① $+3x$　② $+3x$　③ x
④ [1]
(4) ① $\frac{2}{3}$　② $\frac{2}{3}$　③ 4
④ [3]

解説

1 ポイント　それぞれの左辺と右辺に解の候補の値を代入して，両辺の値が等しくなれば，その候補の値はその方程式の解といえる。

(4) [-2] (左辺)$=4\times(-2-1)=-12$
(右辺)$=-(-2)+1=3$
[-1] (左辺)$=4\times(-1-1)=-8$
(右辺)$=-(-1)+1=2$
[0] (左辺)$=4\times(0-1)=-4$
(右辺)$=-0+1=1$
[1] (左辺)$=4\times(1-1)=0$
(右辺)$=-1+1=0$　等しい。
[2] (左辺)$=4\times(2-1)=4$
(右辺)$=-2+1=-1$

2 解が 2 だから，x に 2 を代入して，(左辺)$=$(右辺) となるものを見つける。

㋐ (左辺)$=2-4=-2$
(右辺)$=-2$　等しい。
㋑ (左辺)$=3\times2+7=13$
(右辺)$=-13$
㋒ (左辺)$=6\times2+5=17$
(右辺)$=7\times2-3=11$
㋓ (左辺)$=4\times2-9=-1$
(右辺)$=-5\times2+9=-1$　等しい。

より，㋐と㋓は 2 が解である。

3 ポイント　等式の性質を利用して，方程式を解けるようにしておく。
等式の性質の[1][2]については，移項の考え方を利用することもできる。

p.25 予想問題 ❷

1 (1) $x=10$ (2) $x=7$
(3) $x=-8$ (4) $x=-\frac{5}{6}$
(5) $x=50$ (6) $x=-6$
(7) $x=5$ (8) $x=-7$
(9) $x=-4$ (10) $x=2$
(11) $x=9$ (12) $x=-8$
(13) $x=-6$ (14) $x=\frac{1}{4}$
(15) $x=3$ (16) $x=6$
(17) $x=7$ (18) $x=-7$

解説

1 (1) $x-7=3$ $x=3+7$ $x=10$
(2) $x+5=12$ $x=12-5$ $x=7$
(3) $-4x=32$ $-4x\times\left(-\frac{1}{4}\right)=32\times\left(-\frac{1}{4}\right)$
$x=-8$
別解 両辺を -4 でわると考えてもよい。
(5) $\frac{1}{5}x=10$ $\frac{1}{5}x\times5=10\times5$ $x=50$
(7) $3x-8=7$ $3x=7+8$ $3x=15$ $x=5$
(8) $-x-4=3$ $-x=3+4$ $-x=7$ $x=-7$
(9) $9-2x=17$ $-2x=17-9$ $-2x=8$
$x=-4$
(10) $6=4x-2$ $-4x=-2-6$ $-4x=-8$
$x=2$
(11) $4x=9+3x$ $4x-3x=9$ $x=9$
(12) $7x=8+8x$ $7x-8x=8$ $-x=8$
$x=-8$
(13) $-5x=18-2x$ $-5x+2x=18$
$-3x=18$ $x=-6$
(14) $5x-2=-3x$ $5x+3x=2$ $8x=2$
$x=\frac{1}{4}$
(15) $6x-4=3x+5$ $6x-3x=5+4$
$3x=9$ $x=3$
(16) $5x-3=3x+9$ $5x-3x=9+3$
$2x=12$ $x=6$
(17) $8-7x=-6-5x$ $-7x+5x=-6-8$
$-2x=-14$ $x=7$
(18) $2x-13=5x+8$ $2x-5x=8+13$
$-3x=21$ $x=-7$

p.27 テスト対策問題

1 (1) $x=3$ (2) $x=5$
(3) $x=2$ (4) $x=3$
(5) $x=-2$ (6) $x=33$

2 (1) ① $12+x$ ② $80(12+x)$
③ $240x$
(2) $80(12+x)=240x$
(3) 8時18分 (4) できない。

3 (1) $x=14$ (2) $x=4$
(3) $x=\frac{21}{4}$ (4) $x=19$

解説

1 (1) $2x-3(x+1)=-6$ $2x-3x-3=-6$
$2x-3x=-6+3$ $-x=-3$ $x=3$
(2) $0.7x-1.5=2$ は係数が小数だから，両辺に 10 をかけてから解く。 $7x-15=20$
$7x=20+15$ $7x=35$ $x=5$
(3) 両辺に 10 をかけて，$13x-30=2x-8$
$11x=22$ $x=2$
(4) 両辺に 10 をかけて，$4(x+2)=20$
$4x+8=20$ $4x=12$ $x=3$
(5) $\frac{1}{3}x-2=\frac{5}{6}x-1$ の両辺に分母の公倍数の 6 をかけて，係数を整数になおしてから解く。
$2x-12=5x-6$ $2x-5x=-6+12$
$-3x=6$ $x=-2$
(6) 両辺に 12 をかけて，$4(x-3)=3(x+7)$
$4x-12=3x+21$ $x=33$

2 (3) $80(12+x)=240x$ $960+80x=240x$
$80x-240x=-960$ $-160x=-960$
$x=6$ $12+6=18$ (分)
(4) $1800=240x$ $x=7.5$ $16+7.5=23.5$ (分)
$80\times23.5=1880$ (m) より，兄は駅まで 23.5 分はかからないので，兄は駅に着いてしまう。

3 **ポイント** 比例式の性質より，
$a:b=m:n$ ならば $an=bm$ を利用する。
(1) $x:8=7:4$ より，$4x=56$ だから，$x=14$
(2) $3:x=9:12$ より，$36=9x$ だから，$x=4$
(3) $2:7=\frac{3}{2}:x$ より，$2x=\frac{21}{2}$ だから，$x=\frac{21}{4}$
(4) $5:2=(x-4):6$ より，
$30=2(x-4)$ だから，$x=19$

p.28 予想問題 ❶

1 (1) $x=-6$ (2) $x=1$
(3) $x=-3$ (4) $x=-7$

2 (1) $x=8$ (2) $x=-4$
(3) $x=-4$ (4) $x=-6$

3 (1) $x=-6$ (2) $x=6$
(3) $x=-5$ (4) $x=\frac{7}{4}$

4 (1) $x=-1$ (2) $x=8$

5 $a=-3$

解説

1 (1) $3(x+8)=x+12$ $3x+24=x+12$
$3x-x=12-24$ $2x=-12$ $x=-6$
(2) $2+7(x-1)=2x$ $2+7x-7=2x$
$7x-2x=-2+7$ $5x=5$ $x=1$
(3) $2(x-4)=3(2x-1)+7$
$2x-8=6x-3+7$ $2x-8=6x+4$
$2x-6x=4+8$ $-4x=12$ $x=-3$
(4) $9x-(2x-5)=4(x-4)$
$9x-2x+5=4x-16$ $7x+5=4x-16$
$7x-4x=-16-5$ $3x=-21$ $x=-7$

2 (1) 10 をかけて，$7x-23=33$ $7x=56$
$x=8$
(2) 100 をかけて，$18x+12=-60$
$18x=-72$ $x=-4$
(3) 100 をかけて，$100x+350=25x+50$
$100x-25x=50-350$ $75x=-300$
$x=-4$
(4) 10 をかけて，$6x-20=10x+4$
$6x-10x=4+20$ $-4x=24$ $x=-6$

3 (1) 6 をかけて，$4x=3x-6$ $x=-6$
(2) 4 をかけて，$2x-4=x+2$ $x=6$
(3) 6 をかけて，$2x-18=5x-3$ $-3x=15$
$x=-5$
(4) 30 をかけて，$6x-5=10x-12$ $-4x=-7$
$x=\frac{7}{4}$

4 (1) 6 をかけて，$3(x-1)=2(4x+1)$
$3x-3=8x+2$ $-5x=5$ $x=-1$
(2) 10 をかけて，$5(3x-2)=2(6x+7)$
$15x-10=12x+14$ $3x=24$ $x=8$

5 x に 2 を代入して，$4+a=7-6$ より，$a=-3$

p.29 予想問題 ❷

1 (1) ① $4x$ ② 13 ③ $5x$
④ 15
(2) $(4x+13)$ 枚
$(5x-15)$ 枚
(3) 方程式… $4x+13=5x-15$
人数… 28 人
枚数… 125 枚

2 方程式… $5x-12=3x+14$
ある数… 13

3 方程式… $45+x=2(13+x)$
19 年後

4 方程式… $\frac{x}{2}+\frac{x}{3}=4$
道のり… $\frac{24}{5}$ km

5 (1) $x=10$ (2) $x=3$

解説

1 (3) $4x+13=5x-15$ $4x-5x=-15-13$
$-x=-28$ $x=28$
画用紙の枚数… $4\times28+13=125$ (枚)

2 $5x-12=3x+14$ $5x-3x=14+12$
$2x=26$ $x=13$

3 $45+x=2(13+x)$ $45+x=26+2x$
$x-2x=26-45$ $-x=-19$ $x=19$

4 表にして整理する。

	行き（山のふもとから山頂）	帰り（山頂から山のふもと）
速さ (km/h)	2	3
時間 (時間)	$\frac{x}{2}$	$\frac{x}{3}$
道のり (km)	x	x

$\frac{x}{2}+\frac{x}{3}=4$
両辺に 6 をかけて，$3x+2x=24$
$5x=24$ $x=\frac{24}{5}$

5 (1) $x:6=5:3$ より，$x\times3=6\times5$
$3x=30$ $x=10$
(2) $1:2=4:(x+5)$ より，$1\times(x+5)=2\times4$
$x+5=8$ $x=3$

p.30～p.31 章末予想問題

1 (1) × (2) ○ (3) × (4) ○

2 (1) $x=7$ (2) $x=4$
(3) $x=-3$ (4) $x=6$
(5) $x=13$ (6) $x=-2$
(7) $x=-18$ (8) $x=2$

3 (1) $x=6$ (2) $x=36$
(3) $x=5$ (4) $x=8$

4 $a=2$

5 (1) $5x+8=6(x-1)+2$
(2) 長いす… 12 脚　　生徒… 68 人

6 (1) $(360-x):(360+x)=4:5$
(2) 40 mL

解説

1 与えられた x の値を方程式の左辺と右辺に代入して，両辺の値が等しくなるか調べる。

2 (4) 10 をかけて，$4x+30=10x-6$
$-6x=-36$ $x=6$
(5) かっこをはずして，$5x+25=10-24+8x$
$-3x=-39$ $x=13$
(6) 10 をかけて，$6(x-1)=34x+50$
$6x-6=34x+50$ $-28x=56$ $x=-2$
(7) 24 をかけて，$16x-6=15x-24$ $x=-18$
(8) 12 をかけて，$4(x-2)-3(3x-2)=-12$
$4x-8-9x+6=-12$ $-5x=-10$ $x=2$

3 (1) $2x=12$ $x=6$
(2) $9\times32=8x$ $x=36$
(3) $2x=10$ $x=5$
(4) $3(x+2)=30$ $3x+6=30$ $3x=24$ $x=8$

4 両辺に 2 をかけてから，x に 4 を代入する。
$2x-(3x-a)=-2$ より，$8-(12-a)=-2$
$8-12+a=-2$ $a=2$
別解 先に x に 4 を代入すると，
$4-\dfrac{3\times4-a}{2}=-1$ $4-\left(\dfrac{12}{2}-\dfrac{a}{2}\right)=-1$ より，$a=2$

5 (1) 生徒の人数は，
5 人ずつだと 8 人すわれない → $(5x+8)$ 人
6 人ずつだと最後の 1 脚は 2 人→$\{6(x-1)+2\}$ 人 と表せる。6 人ずつすわる長いすの数は $(x-1)$ 脚になることに注意する。

6 (2) 比例式の性質を使うと，
$5(360-x)=4(360+x)$ より，$x=40$

4章 数量の関係を調べて問題を解決しよう

p.33 テスト対策問題

1 ㋐，㋓

2 (1) $-4\leqq x\leqq3$ (2) $0<x<7$

3 (1) $y=15x$ (2) 比例する。
(3) 底面積 (15 cm^2)

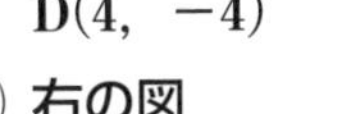

4 (1) $y=\dfrac{1500}{x}$ (2) 反比例する。
(3) 道のり (1500 m)

5 (1) A(2, 3)
B(0, 4)
C(−4, −2)
D(4, −4)
(2) 右の図

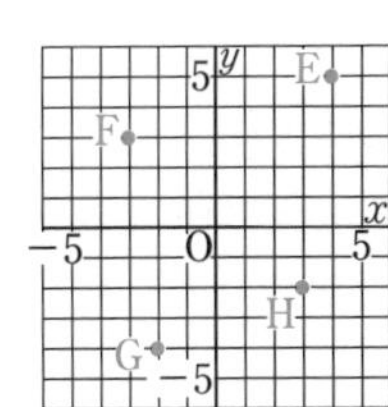

解説

1 ㋐ $y=3x$ と表され，x の値を 1 つ決めると，y の値はただ 1 つ決まる。
㋑，㋒ x の値を 1 つ決めても，y の値は 1 つには決まらない。
㋓ $xy=20$ と表され，x の値を 1 つ決めると，y の値はただ 1 つ決まる。

2 注意 変域は不等号「<，>，≦，≧」を使って表す。
a は b より小さい…$a<b$
a は b より大きい…$a>b$
a は b 以下である…$a\leqq b$
a は b 以上である…$a\geqq b$
a は b 未満である…$a<b$

3 表に表すと，次のようになる。$\dfrac{y}{x}$ の値は一定で，これが比例定数になる。
また，y は x に比例する。

x	0	1	2	3	4	5	6	…
y	0	15	30	45	60	75	90	…

4 表に表すと，次のようになる。x と y の積 xy の値は一定で，これが比例定数になる。
また，y は x に反比例する。

x	…	100	150	200	250	300	…
y	…	15	10	7.5	6	5	…

p.34 予想問題 ❶

1 ㋐, ㋑, ㋒, ㋔

2 (1) $-2<x<5$

(2) $-6 \leqq x<4$

3 (1) ① 54　② 72　③ 90

(2) 2倍, 3倍, 4倍になる。

(3) $y=6x$

(4) いえる。

4 (1) $y=8x$　比例定数… 8

(2) $y=\dfrac{120}{x}$　比例定数… 120

解説

1 ポイント　y が x の関数であるかは, x の値を決めるとそれに対応した y の値がただ1つ決まるかどうかで判断する。

y を x の式で表すと, 次のようになる。

㋐ $y=\dfrac{5}{2}x$　㋑ $y=x^2$　㋒ $y=4x$

㋓ 関係式は成立しない。　㋔ $y=\pi x^2$

2 ミス注意!　不等号に注意する。「$x<$●」は●をふくまず, 「$x \leqq$●」は●をふくむ。

3 (1) 長方形の面積は, (縦)×(横) で求めるから,

① $6\times9=54$　② $6\times12=72$

③ $6\times15=90$

(2) $x=0$, $y=0$ のときを除くと, x の値が2倍になると y の値も2倍になり, x の値が3倍になると y の値も3倍になり, x の値が, 4倍になると y の値も4倍になる。

(3) (1)より, $y=6x$

(4) $y=ax$ の形で表されるから, 比例するといえる。

4 ポイント　$y=ax$ の形で表されるとき, y は x に比例するといい, a の値が比例定数である。

$y=\dfrac{a}{x}$ の形で表されるとき, y は x に反比例するといい, a の値が比例定数である。

(1) (長方形の面積)=(縦)×(横) より, $y=x\times8$ だから, $y=8x$

(2) (平行四辺形の面積)=(底辺)×(高さ) より, $120=xy$ だから, $y=\dfrac{120}{x}$

p.35 予想問題 ❷

1 (1) $y=4x$　(2) $y=-5x$

(3) $y=-6$　(4) $x=3$

2 (1) ① 6　② 4　③ -4　④ -6

(2) 2倍, 3倍, 4倍になる。

3 (1) A(4, 6)

B(-7, 3)

C(-5, -7)

D(0, -3)

(2) 右の図

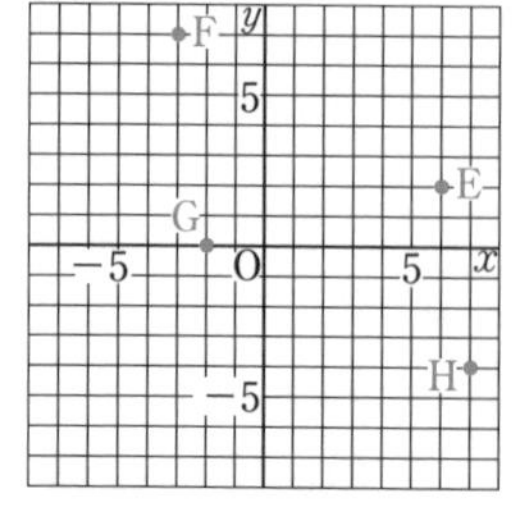

解説

1 (2) y は x に比例するので, 比例定数を a とし, $y=ax$ に対応する x と y の値を代入して, a の値を求める。

(3) $y=\dfrac{3}{2}x$ に $x=-4$ を代入する。

(4) $y=-6x$ に $y=-18$ を代入する。

2 (1) $y=-2x$ に x の値をそれぞれ代入し, 対応する y の値を求める。

(2) y が x に比例するとき, 比例定数が負の数でも, x の正負によらず, x の値が2倍, 3倍, 4倍になると, 対応する y の値も2倍, 3倍, 4倍になる。

p.37 テスト対策問題

1 右の図

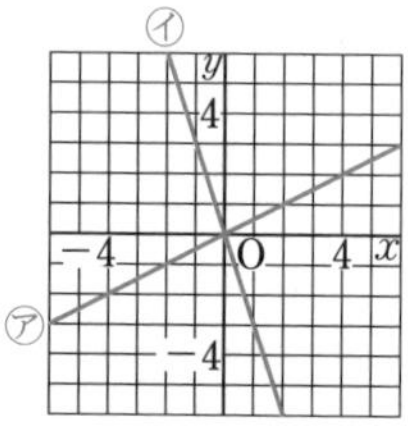

2 $y=\dfrac{3}{4}x$

3 (1) ① 12

② 24

③ -8

④ -6

(2) $\dfrac{1}{2}$倍, $\dfrac{1}{3}$倍, $\dfrac{1}{4}$倍になる。

4 (1) $y=-\dfrac{12}{x}$　(2)

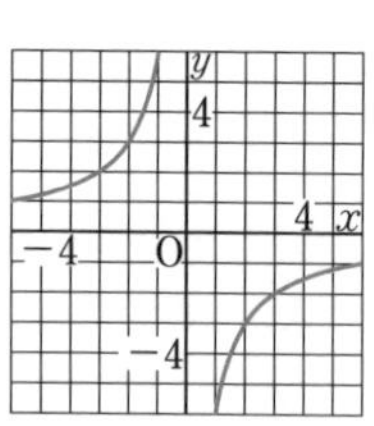

5 (1) V は h に比例する。

(2) S は h に反比例する。

解説

1 ポイント　比例のグラフは原点以外にx座標が1の点か，x座標とy座標が整数となる点を1つ求めて，原点とその点を結ぶ直線をかく。

㋐ $y=\frac{1}{2}x$ に $x=2$ を代入すると，$y=1$
よって，原点と点(2，1)を結ぶ直線をかく。

㋑ $y=-3x$ に $x=1$ を代入すると，$y=-3$
よって，原点と点(1，−3)を結ぶ直線をかく。

2 注意　読みとる点の座標はx座標，y座標ともに整数となる点を選ぶ。
ここでは点(4，3)を使って考え，比例定数をaとして，$y=ax$ に $x=4$，$y=3$ を代入すると，
$3=a\times4$ より，$a=\frac{3}{4}$ だから，$y=\frac{3}{4}x$

3 (1) $y=-\frac{24}{x}$ にxの値をそれぞれ代入し，対応するyの値を求める。

(2) 反比例 $y=\frac{a}{x}$ のaの値が負の数でも，xの正負によらず，xの値が2倍，3倍，4倍になると，yの値は，$\frac{1}{2}$倍，$\frac{1}{3}$倍，$\frac{1}{4}$倍になる。

4 (1) yはxに反比例するので，比例定数をaとして，$y=\frac{a}{x}$ または $xy=a$ に $x=4$，$y=-3$ を代入すると，$-3=\frac{a}{4}$ または
$4\times(-3)=a$ より，$a=-12$
よって，$y=-\frac{12}{x}$

(2) ポイント　反比例のグラフは，x座標やy座標が整数となる点をできるだけ多くとって，なめらかな曲線をかく。

5 ポイント　xとyの関係式が，
「$y=ax$」の形のとき，比例しているといえ，
「$y=\frac{a}{x}$」の形のとき，反比例しているといえる。
本問では，V，S，hで考える。

(1) $V=120h$ であるから，Vはhに比例する。

(2) $200=Sh$ より，$S=\frac{200}{h}$ であるから，Sはhに反比例する。

p.38 予想問題 ❶

1

(1)
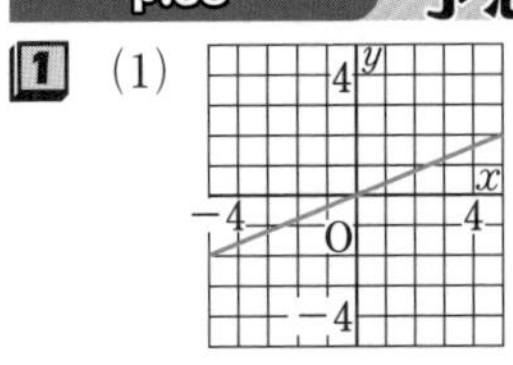

(2)
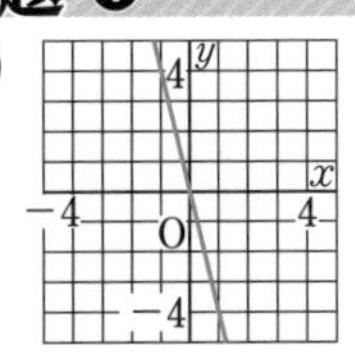

(3)
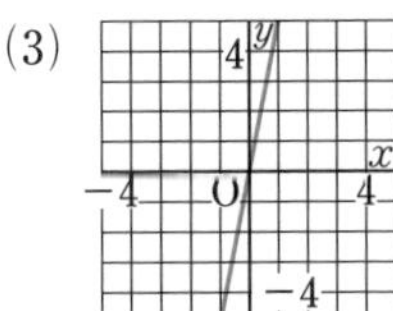

(4)
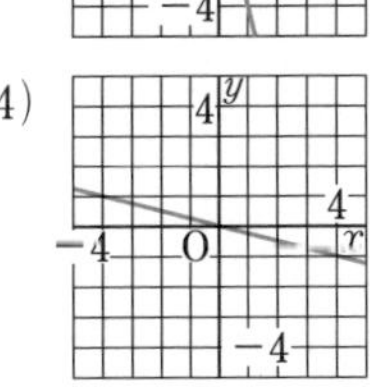

2 (1) $y=3x$　(2) $y=-\frac{3}{2}x$

3 (1) $y=\frac{21}{x}$　(2) 42日間

(3) $\frac{3}{4}$ L

解説

1 ポイント　グラフをかくための座標は整数になる点を選ぶ。$y=ax$ のaが分数のときは分母の数字をx座標の値にするとよい。

(1) $y=\frac{2}{5}x$ に $x=5$ を代入すると，
$y=\frac{2}{5}\times5=2$ より，原点と点(5，2)を結ぶ直線をかく。

(4) $y=-\frac{1}{4}x$ に $x=4$ を代入すると，
$y=-\frac{1}{4}\times4=-1$ より，原点と点(4，−1)を結ぶ直線をかく。

2 ポイント　比例のグラフなので，aを比例定数として，$y=ax$ と書くことができる。読みとる点は座標の値が整数となる点を選ぶとよい。

(1) 点(1，3)を通っているので，
$y=ax$ に $x=1$，$y=3$ を代入して，
$3=a\times1$ より $a=3$ だから，$y=3x$

(2) 点(2，−3)を通っているので，
$y=ax$ に $x=2$，$y=-3$ を代入して，
$-3=a\times2$ より $a=-\frac{3}{2}$ だから，$y=-\frac{3}{2}x$

3 (1) 灯油の総量は $0.6\times35=21$ (L) だから，
xとyの関係式は $xy=21$ より，$y=\frac{21}{x}$

(2) $y=\frac{21}{x}$ に $x=0.5$ を代入する。

(3) $xy=21$ に $y=28$ を代入する。

p.39 予想問題 ❷

1 (1) (2)

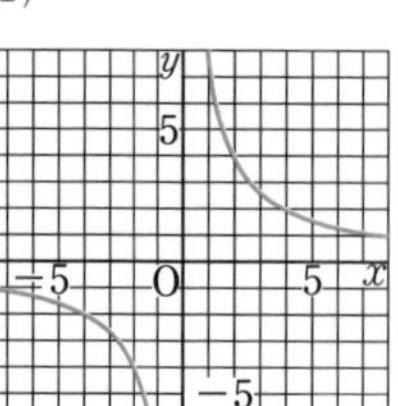

2 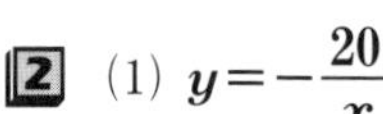

(1) $y=-\dfrac{20}{x}$ (2) $y=\dfrac{15}{x}$

(3) $y=-9$ (4) $y=\dfrac{6}{x}$

3 (1) **a は h に反比例する。**

(2) **ℓ は a に比例する。**

解説

1 x 座標と y 座標が整数となる点をできるだけ多くとって，なめらかな曲線をかく。

(1) (1, 8), (2, 4), (4, 2), (8, 1) を通る曲線と，(−1, −8), (−2, −4), (−4, −2), (−8, −1) を通る曲線をかく。

(2) (−1, 8), (−2, 4), (−4, 2), (−8, 1) を通る曲線と，(1, −8), (2, −4), (4, −2), (8, −1) を通る曲線をかく。

2 (1) 反比例の比例定数は $y=\dfrac{a}{x}$ の a のことだから，$a=-20$ より，$y=-\dfrac{20}{x}$

(2) 比例定数を a として，$xy=a$ に $x=-3$, $y=-5$ を代入すると，
$(-3)\times(-5)=a$ より，$a=15$ だから，
$y=\dfrac{15}{x}$

(3) $y=-\dfrac{72}{x}$ に $x=8$ を代入すると，
$y=-\dfrac{72}{8}=-9$

(4) グラフから，通る点 (1, 6), (2, 3), (3, 2), (6, 1) などを読みとって，$y=\dfrac{a}{x}$ に代入する。

3 (1) 式は $S=ah$ となる。たとえば，S の値を 10 に決めると，$a=\dfrac{10}{h}$

(2) 式は $\ell=at$ となる。たとえば，t の値を 10 に決めると，$\ell=10a$

p.40〜p.41 章末予想問題

1 (1) $y=\dfrac{1}{20}x$, ○

(2) $y=50-3x$, ×

(3) $y=\dfrac{1500}{x}$, △

2 (1) $y=3$ (2) $x=12$

3 (1)(2) (3)(4)

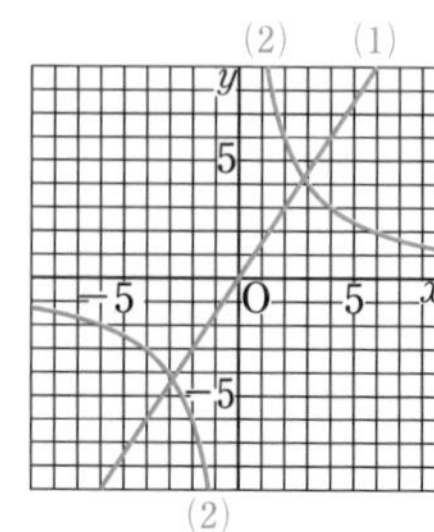

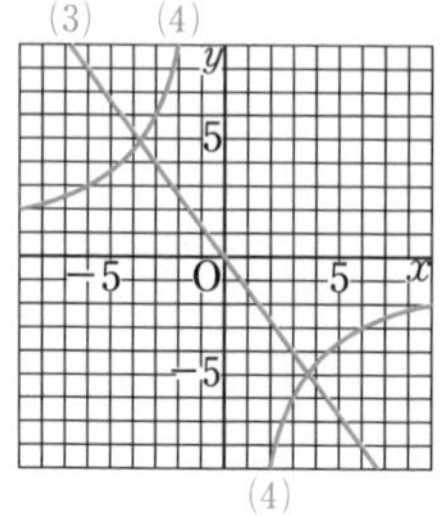

4 (1) $y=\dfrac{720}{x}$ (2) **20 回転**

(3) **48**

5 (1)

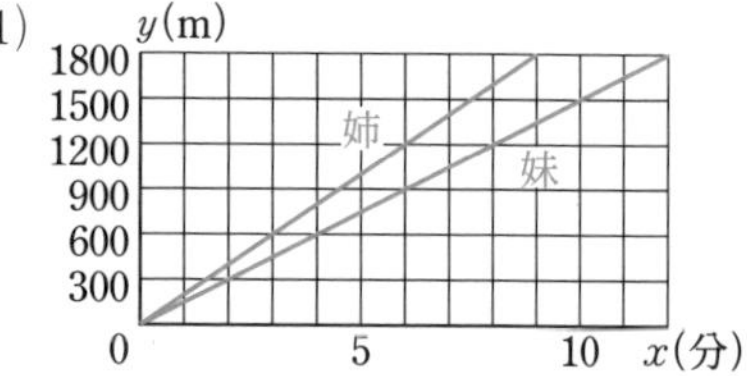

(2) **6 分後** (3) **450 m のところ**

解説

1 ポイント $y=ax$ の形で表される…比例
$y=\dfrac{a}{x}$ の形で表される…反比例

2 (1) $y=\dfrac{2}{3}x \rightarrow y=\dfrac{2}{3}\times4.5=\dfrac{2}{3}\times\dfrac{9}{2}=3$

(2) $xy=-24 \rightarrow x\times(-2)=-24$ より，$x=12$

4 (1) かみ合う歯車では，(歯数)×(1 分間の回転数) は等しくなるので，$xy=40\times18=720$

5 (1) 1, 2, 3, …分後の進んだ道のりを計算して，時間を x，進んだ道のりを y とする座標で表される点をとって，直線で結ぶ。

(2) 姉… $y=200x$ 妹… $y=150x$
$200x-150x=300$ より，$x=6$

(3) $y=200x$ の式に $y=1800$ を代入すると，
$1800=200x$ より，$x=9$ になる。
9 分後の妹は $150\times9=1350$ (m) の地点にいるので，妹は図書館まであと
$1800-1350=450$ (m) のところにいる。

5章　平面図形の見方をひろげよう

p.43　テスト対策問題

1 (1)

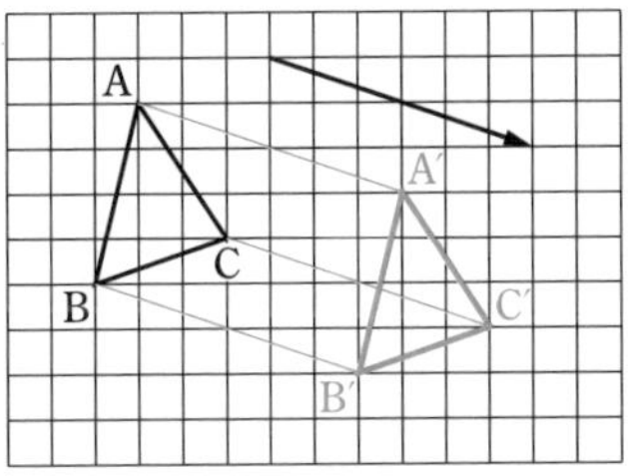

(2) ㋐

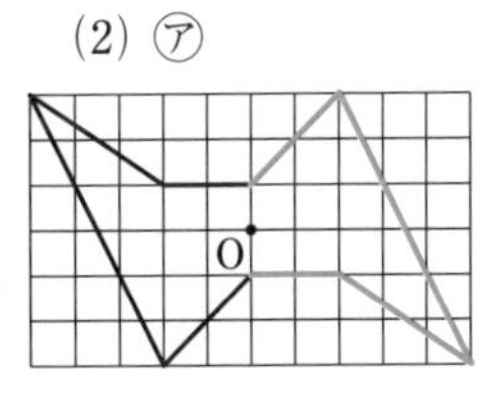

㋑

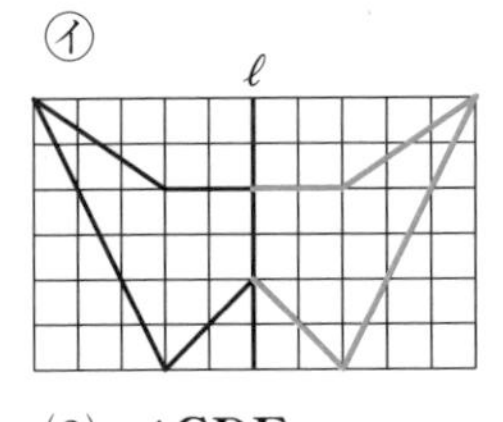

2 (1) **辺 HG**　(2) **∠CDE**

(3) ① ＝　② ＝　③ ⊥

④ ∥　⑤ ∥

3 (1)

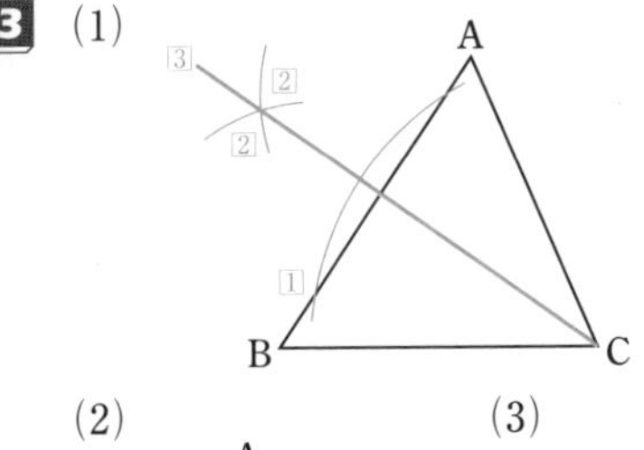

(2)

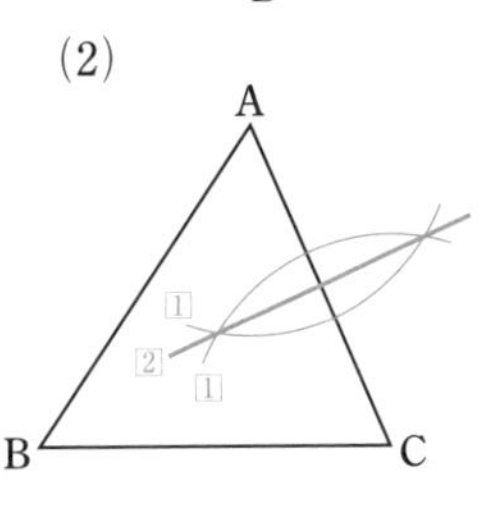

(3)

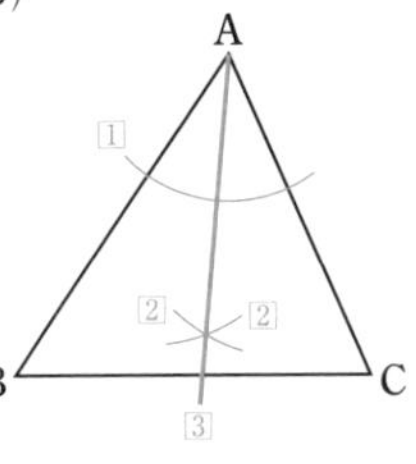

解説

1 (1)　各点を右へ6，下へ2だけ移動させる。

(2)㋐　図形の頂点と点Oを結ぶ線分を，同じ長さだけOの先へのばし，のばした線分の端の点をとって，それらの点を結ぶ。

㋑　図形の頂点から対称の軸 ℓ に垂線をひき，対応する点と ℓ との距離が等しくなる点をとって，それらの点を結ぶ。

3 **注意** 定規とコンパスだけを使って作図する。作図のときにかいた線は消さずに残しておくこと。

(1)　頂点Cから辺ABへひいた垂線とABとの交点をHとすると，線分CHは，ABを底辺としたときの△ABCの高さになる。

p.44　予想問題 ❶

1

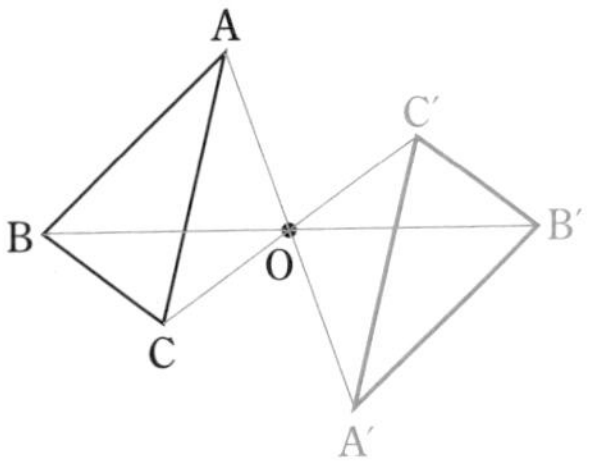

2 (1) 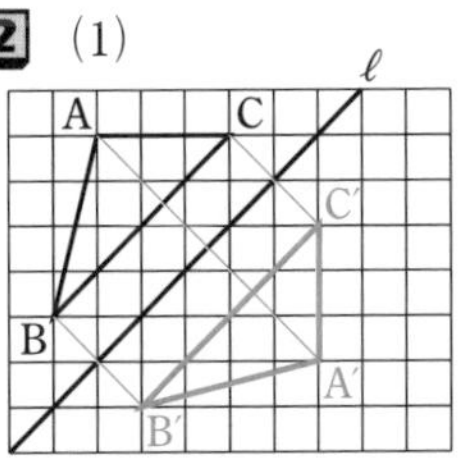　(2)

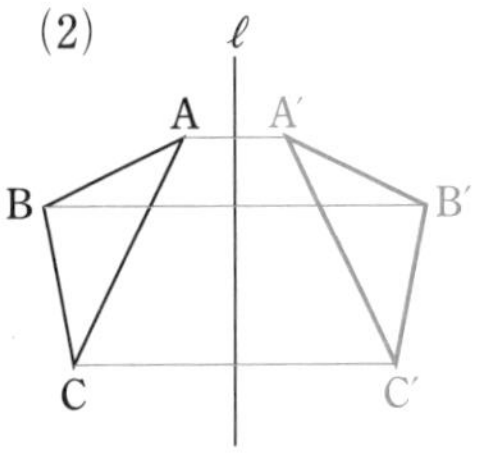

3 (1) **線分 BE，線分 CF**

(2) **∠EDG，∠FDH**

(3) **辺 DE，辺 DG**

解説

1　図形を180°だけ回転移動させることを，「点対称移動」という。

p.45　予想問題 ❷

1 （方法1）　（方法2）

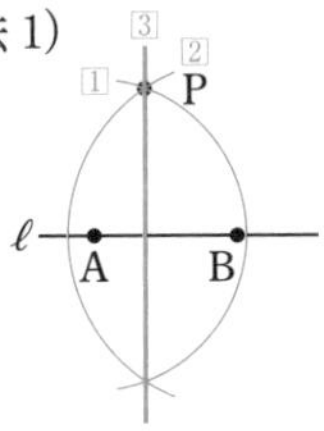

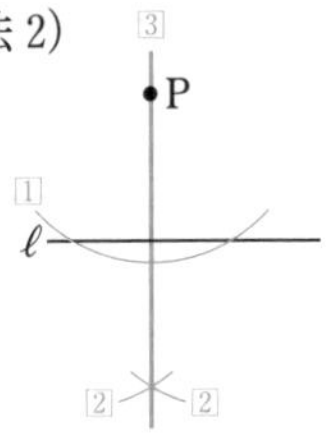

2 (1) 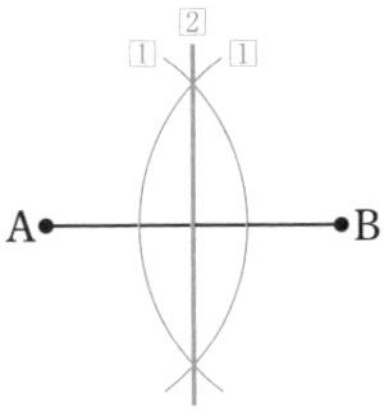　(2)

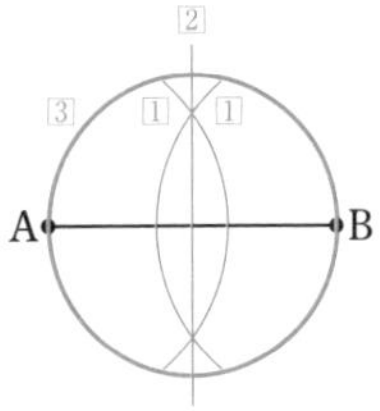

3 (1) **点D**　(2) **点B**

4 (1)　(2)

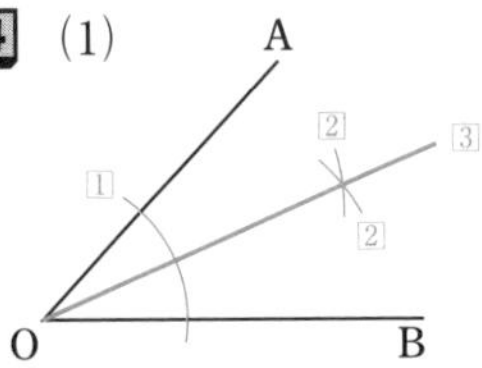

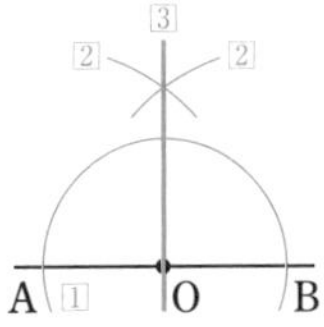

解説

3　直線 ℓ 上にない点Pから ℓ に垂線をひき，ℓ との交点をQとする。このとき，線分PQの長さを，点Pと直線 ℓ との距離という。

p.47 テスト対策問題

1 (1)

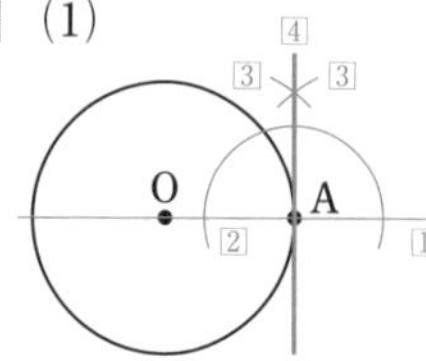

(2)

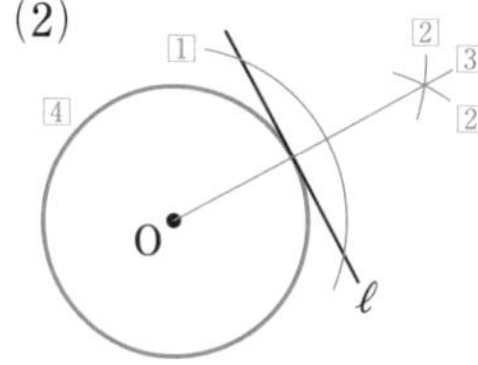

2 **線分 AB の垂直二等分線上にある。**

3 (1) $\frac{7}{12}$ **倍**　　(2) 7π **cm**

(3) $(7\pi+12)$ **cm**　　(4) 21π **cm²**

解説

2 円の中心は，弦の垂直二等分線上にある。

3 (1) 中心角で比べて，$\frac{210}{360}=\frac{7}{12}$ (倍)

(2) $2\pi\times6\times\frac{7}{12}=7\pi$ (cm)

(3) $7\pi+6\times2=7\pi+12$ (cm)

(4) $\pi\times6^2\times\frac{7}{12}=21\pi$ (cm²)

p.48 予想問題 ❶

1

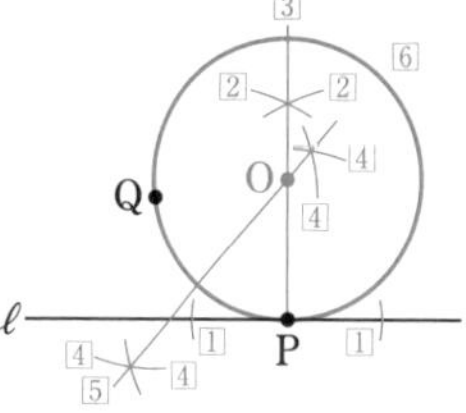

2 (1)

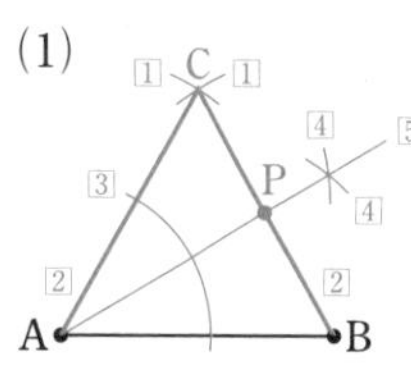

(2)

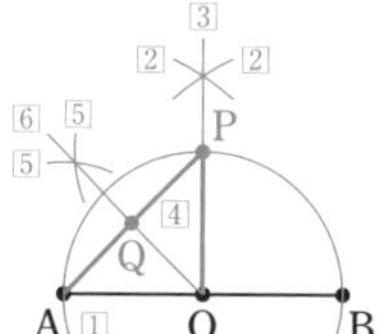

3 (1)

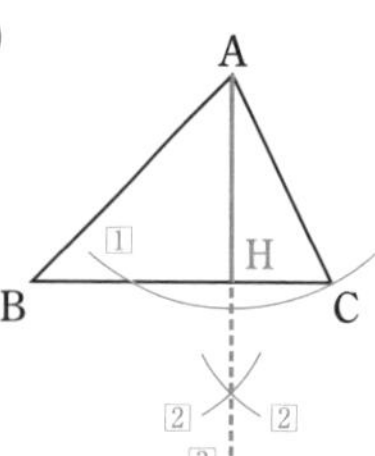

(2)

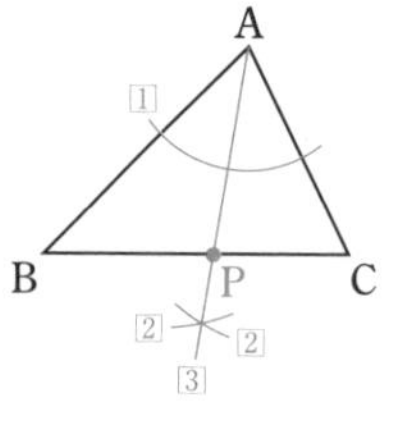

解説

1 **ポイント** 円の接線は接点を通る半径に垂直である。
点Pを通る直線 ℓ の垂線と線分 PQ の垂直二等分線との交点が円の中心Oになる。

p.49 予想問題 ❷

1

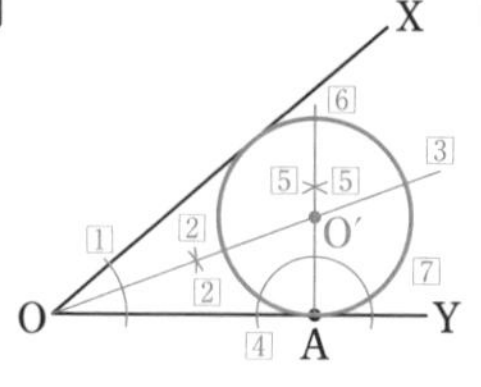

2

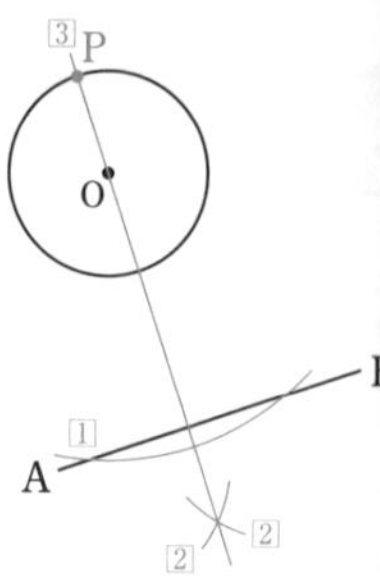

3 (1) **弧の長さ…** $\frac{8}{3}\pi$ **cm**　**面積…** $\frac{32}{3}\pi$ **cm²**

(2) **弧の長さ…** 50π **cm**　**面積…** 750π **cm²**

(3) **弧の長さ…** 5π **cm**　**面積…** 10π **cm²**

解説

3 (1) 弧の長さ　$2\pi\times8\times\frac{60}{360}=\frac{8}{3}\pi$ (cm)

面積　$\pi\times8^2\times\frac{60}{360}=\frac{32}{3}\pi$ (cm²)

p.50〜p.51 章末予想問題

1 (1) **辺 CB，∠BAD**　(2) **辺 CD，∠CAB**

(3) **AB∥DC，AD∥BC**　(4) **180°**

2

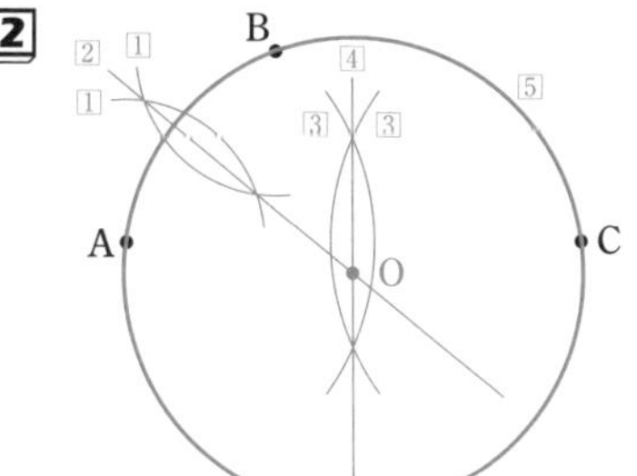

3 (1) **54°**　(2)

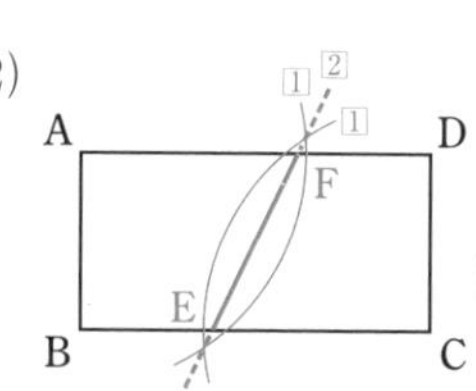

4 (1)

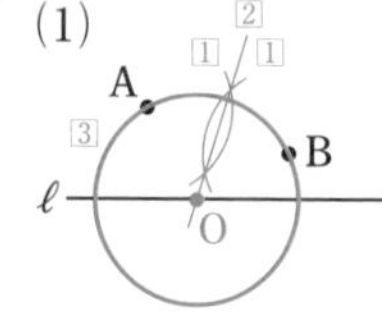

(2)

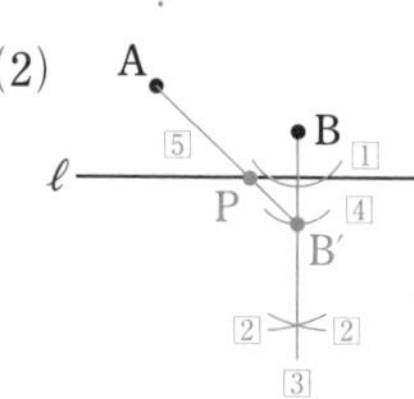

解説

3 (1) ∠AEB＝180°−63°×2＝54°

4 (2) 直線 ℓ を対称の軸として，点Bに線対称な点B′ を作図し，直線 AB′ と ℓ との交点をPとする。

6章　立体の見方をひろげよう

p.53 テスト対策問題

1 ① 角錐　② 三角錐
③ 四角錐　④ 円錐

2 (1) 五角柱　(2) 七角形
(3) 正多面体とはいえない。
理由… 3 つの面が集まる頂点と，4 つの面が集まる頂点があって，どの頂点にも面が同じ数だけ集まっているとはいえないから。

3 (1) 辺 AE，辺 EF，辺 DH，辺 HG
(2) 面 ABFE，面 DGH
(3) 5 本　(4) 面 EFGH

4 (1)

(2)
ℓ

解説

2 (1) 角柱には底面が 2 つあるから，七面体である角柱の側面の数は 5 になる。よって，底面の形は五角形である。
(2) 角錐の底面は 1 つだから，八面体である角錐の側面の数は 7 になる。よって，底面の形は七角形である。
(3) へこみがなく，どの面もすべて合同な正多角形で，どの頂点にも面が同じ数だけ集まっている立体を「正多面体」という。

3 (1) 面 AEHD，面 EFGH は長方形だから，EH⊥AE，EH⊥DH，EH⊥EF，EH⊥HG
(2) AD⊥AB，AD⊥AE より，AD は 2 つの直線 AB，AE をふくむ面 ABFE と垂直である。
また，AD⊥DC，AD⊥DH より，AD は 2 つの直線 DC，DH をふくむ面 DCGH，すなわち面 DGH と垂直である。
(3) **ポイント** ねじれの位置にある辺は，平行でなく交わらない辺を調べる。
(4) 面 ABCD と平行な面を考える。

p.54 予想問題 ❶

1 (左から順に)
㋐ 5，五面体，三角形，長方形
㋑ 三角錐，四面体，三角形，6
㋒ 四角柱，6，六面体，長方形，12
㋓ 5，四角形，三角形，8
㋔ 円柱，円　㋕ 円錐，円

2 (1) 辺 EF，辺 DC，辺 HG
(2) 面 AEHD，面 DCGH
(3) 面 DCGH
(4) 辺 BF，辺 FG，辺 CG，辺 BC
(5) 辺 BC，辺 DC，辺 FG，辺 HG
(6) 辺 AD，辺 BC，辺 AE，辺 BF
(7) 面 ABCD，面 BFGC，面 EFGH，面 AEHD

解説

2 (3) 直方体の向かいあう面は平行である。
(5) 平行でなく交わらない辺を見つける。

p.55 予想問題 ❷

1 ②，③，④，⑥

2 (1) 四角柱　(2) 五角柱
(3) 円柱

3 (1) 母線
(2) (上から順に)
㋐ 円柱，長方形，円
㋑ 円錐，二等辺三角形，円
㋒ 球，円，円

解説

1 **ポイント** 1 つの直線上にない 3 点が決まれば，平面は 1 つに決まる。
①「2 点をふくむ平面」は無数にある。
⑤「ねじれの位置にある 2 直線をふくむ平面」は存在しない。

2 角柱や円柱は，底面がそれと垂直な方向に動いてできた立体とも考えられる。

3 **ポイント** (2) 回転体を，回転の軸をふくむ平面で切ると，切り口は回転の軸を対称の軸とする線対称な図形になる。また，回転の軸に垂直な平面で切ると，切り口はすべて円になる。

p.57 テスト対策問題

1 32π cm

2 (1) $90°$　　(2) $16\pi\ \text{cm}^2$

3

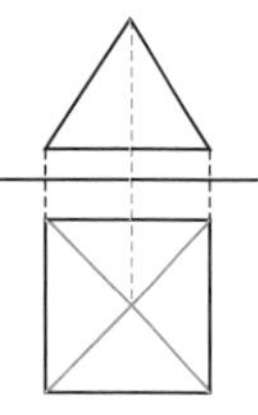

4 (1) $192\ \text{cm}^3$　　(2) $147\pi\ \text{cm}^3$

5 (1) $120\ \text{cm}^2$　　(2) $12\pi\ \text{cm}^2$

解説

1 側面になる長方形の横の長さは，円柱の底面の円の円周と等しいから，$2\pi\times16=32\pi$ (cm)

2 ポイント　円錐の側面になるおうぎ形の弧の長さは，底面の円の円周に等しい。

(1) 底面の円の円周は $2\pi\times2=4\pi$ (cm)
また，半径 8 cm の円の円周は
$2\pi\times8=16\pi$ (cm)
よって，弧の長さは円の円周の $\dfrac{4\pi}{16\pi}=\dfrac{1}{4}$
おうぎ形の弧の長さは中心角に比例するから，
求める中心角は $360°\times\dfrac{1}{4}=90°$

(2) おうぎ形の面積は，中心角に比例するから，
$\pi\times8^2\times\dfrac{90}{360}=16\pi\ (\text{cm}^2)$

別解　おうぎ形の面積 S は，半径 r と弧の長さ ℓ を使って，$S=\dfrac{1}{2}\ell r$ の式で求めることもできるから，
$S=\dfrac{1}{2}\times4\pi\times8=16\pi\ (\text{cm}^2)$

3 平面図には，4 つの側面を表す実線をかき，対応する頂点どうしを結ぶ破線をひく。

4 (1) $\dfrac{1}{3}\times8^2\times9=192\ (\text{cm}^3)$

(2) $\dfrac{1}{3}\times\pi\times7^2\times9=147\pi\ (\text{cm}^3)$

5 (1) 側面積　$(6\times7\div2)\times4=84\ (\text{cm}^2)$
底面積　$6\times6=36\ (\text{cm}^2)$
表面積　$84+36=120\ (\text{cm}^2)$

(2) 側面積　$\pi\times4^2\times\dfrac{2\pi\times2}{2\pi\times4}=8\pi\ (\text{cm}^2)$
底面積　$\pi\times2^2=4\pi\ (\text{cm}^2)$
表面積　$8\pi+4\pi=12\pi\ (\text{cm}^2)$

p.58 予想問題 ❶

1 (1) 正三角錐
(2) 頂点 D，頂点 F　　辺 AF
(3) 辺 DE [辺 FE]

2 (1) 球　　(2) 三角錐
(3) 四角柱

3 (1) 線分 AB　　(2)

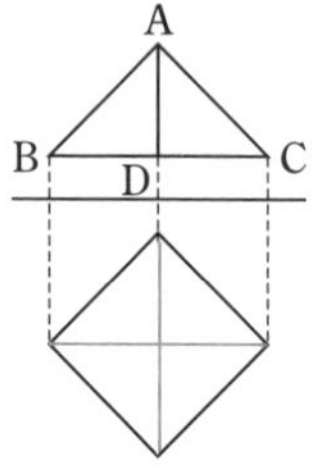

4

解説

1 展開図を組み立ててできる立体は，右の図のような正三角錐になる。

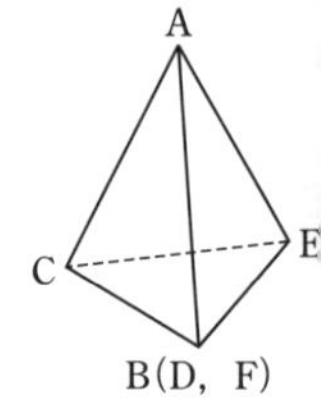

(3) 辺 AC と辺 AB (AF，AD)，AE，CE，BC (DC，FC) はそれぞれ交わっている。

p.59 予想問題 ❷

1 (1) 半径… 9 cm　　中心角…$160°$
(2) 弧の長さ… 8π cm　　面積… $36\pi\ \text{cm}^2$

2 (1) 体積… $72\ \text{cm}^3$　　表面積… $132\ \text{cm}^2$
(2) 体積… $1568\ \text{cm}^3$　　表面積… $896\ \text{cm}^2$
(3) 体積… $80\pi\ \text{cm}^3$　　表面積… $72\pi\ \text{cm}^2$
(4) 体積… $12\pi\ \text{cm}^3$　　表面積… $24\pi\ \text{cm}^2$

3 体積… $18\pi\ \text{cm}^3$　　表面積… $27\pi\ \text{cm}^2$

解説

1 (1) 側面になるおうぎ形の半径は，円錐の母線の長さに等しいから 9 cm である。
中心角は，$360°\times\dfrac{2\pi\times4}{2\pi\times9}=160°$

(2) 側面になるおうぎ形の弧の長さは，底面の円周に等しいから，$2\pi\times4=8\pi$ (cm)
面積は $\pi\times9^2\times\dfrac{160}{360}=36\pi\ (\text{cm}^2)$

3 回転させてできる立体は，半径 3 cm の球を半分に切った立体で，その表面積は，球の表面積の半分と切り口の円の面積の合計になる。

p.60～p.61 章末予想問題

1 (1) ㋖　(2) ㋒
(3) ㋐，㋕　(4) ㋓，㋗，㋘
(5) ㋐，㋑，㋒，㋓

2 (1) 面 BFGC，面 EFGH
(2) 辺 CG，辺 DH
(3) 面 ABCD，面 EFGH
(4) 辺 AE，辺 BF，辺 CG，辺 DH
(5) 面 ABCD，面 EFGH
(6) 辺 CG，辺 DH，辺 FG，辺 GH，辺 HE

3 ㋑，㋓，㋔

4 (1) 12 cm^3　(2) 100π cm^3

5 900 cm^3

6 体積… 48π cm^3　表面積… 48π cm^2

解説

3 ㋐　交わらない 2 つの直線は，ねじれの位置にあるときは平行ではない。
㋒　1 つの直線に垂直な 2 直線は，交わるときやねじれの位置にあるときは平行ではない。
㋕　平行な 2 つの平面上の直線は，ねじれの位置にあるときは平行ではない。

㋒
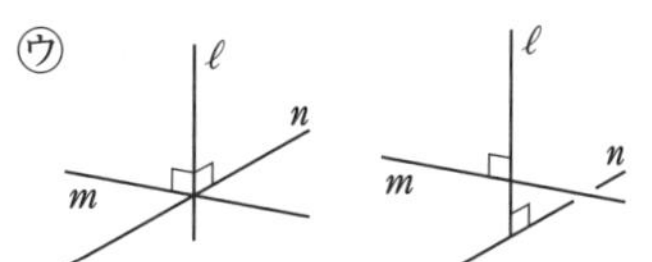

㋕
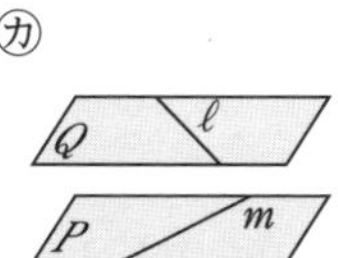

4 (1)　底面は直角をはさむ 2 辺が 3 cm と 4 cm の直角三角形で，高さが 2 cm の三角柱だから，
$(4\times3\div2)\times2=12\ (cm^3)$
(2)　底面の円の半径が $10\div2=5$ (cm)，
高さが 12 cm の円錐だから，
$\frac{1}{3}\times\pi\times5^2\times12=100\pi\ (cm^3)$

5 水は底面が直角三角形で，高さが 12 cm の三角柱の形になっている。
$(15\times10\div2)\times12=900\ (cm^3)$

6 回転させてできる立体は，円柱と円錐を合わせた立体だから，体積，表面積はそれぞれ
$\pi\times3^2\times4+\frac{1}{3}\times\pi\times3^2\times4=48\pi\ (cm^3)$，
$\pi\times3^2+4\times(2\pi\times3)+\pi\times5^2\times\frac{2\pi\times3}{2\pi\times5}=48\pi\ (cm^2)$

7 章　データを活用して判断しよう

p.63 予想問題

1 (1) 145 cm 以上 150 cm 未満の階級
(2) 15 人
(3)
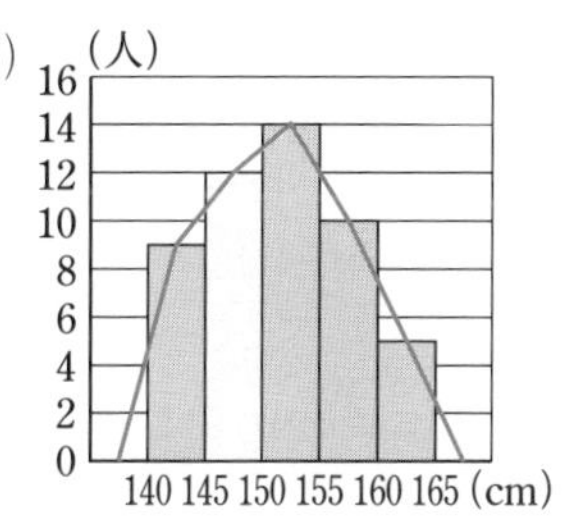

(4) 35 人

2 (1) ① 15　② 0.20
③ 0.35　④ 0.25
⑤ 0.30　⑥ 0.65
⑦ 0.90
(2) 50 点

3 0.58

解説

1 (1)　ミス注意!　以上，以下
➡その数をふくむ。
～より大きい，～より小さい (～未満)
➡その数をふくまない。
以上はその数をふくみ，未満はその数をふくまないから，身長が 145 cm の生徒は，145 cm 以上 150 cm 未満の階級に入る。
(2)　155 cm 以上 160 cm 未満の度数が 10 人，160 cm 以上 165 cm 未満の度数が 5 人だから，155 cm 以上の生徒の人数は，
$10+5=15$ (人)
(3)　注意　ヒストグラムを使って，度数折れ線をかくときは，左右両端の階級の度数を 0 として，線分を横軸までのばしておく。
(4)　最初の階級からその階級までの度数を合計したものが累積度数だから，
$9+12+14=35$ (人)

2 (1)　①　度数の合計が 60 人だから，
$60-(6+12+21+6)$
$=15$ (人)

② ポイント　相対度数は次の式で求める。

$(相対度数)=\frac{(その階級の度数)}{(度数の合計)}$

20 点以上 40 点未満の階級の度数は 12 人だから，

$\frac{12}{60}=0.20$

③　40 点以上 60 点未満の階級の度数は 21 人だから，

$\frac{21}{60}=0.35$

④　60 点以上 80 点未満の階級の度数は 15 人だから，

$\frac{15}{60}=0.25$

⑤ ポイント　最初の階級からその階級までの相対度数を合計したものが累積相対度数である。

0.10＋0.20＝0.30

⑥　0.10＋0.20＋0.35＝0.65

別解　前の階級の累積相対度数を利用して求める。

0.30＋0.35＝0.65

⑦　0.10＋0.20＋0.35＋0.25＝0.90

別解　前の階級の累積相対度数を利用する。

0.65＋0.25＝0.90

(2)　度数分布表では，度数のもっとも多い階級の階級値を，最頻値として用いる。

21 人がもっとも多い度数だから，40 点以上 60 点未満の階級の階級値が最頻値となる。

$\frac{40+60}{2}=50$ (点)

3　画びょうを 2000 回投げて 1160 回針が上向きになったから，

$\frac{1160}{2000}=0.58$

参考　画びょうなどを投げるとき，投げる回数が少ないうちは，相対度数のばらつきが大きいが，回数が多くなると，そのばらつきが小さくなり，一定の値に近づく。

確率が p であるということは，同じ実験や観察を多数回くり返すとき，そのことがらの起こる相対度数が p にかぎりなく近づくという意味をもつ。

p.64 章末予想問題

1　(1) **0.25**

(2) **女子**

(3) ① **12**　② **21**

2　(1) **14 m**　(2) **21 m**

(3) **22 m**

3　**0.19**

解説

1　(1)　得点が 60 点以上 80 点未満の階級の男子の度数は 15 人だから，

相対度数は，15÷60＝0.25

(2)　合計の度数がちがうから，相対度数の和で考える。

得点が 80 点以上の男子は 6 人いるので，

得点が 60 点以上の男子の相対度数の和は，

0.25＋6÷60＝0.35

得点が 60 点以上の女子の度数は 14 人と 5 人だから，その相対度数の和は，

14÷50＋5÷50＝0.38

よって，女子のほうが割合が大きい。

(3)　①　20 点以上 40 点未満の階級の女子の相対度数は，10÷50＝0.20

したがって，男子の度数は，

60×0.20＝12 (人)

②　60－(6＋12＋15＋6)＝21 (人)

2　データを小さい順に並べると，

15，16，18，20，21，23，27，27，29

になる。

(1)　記録の分布の範囲は，

(最大の値)－(最小の値)

で求めるから，29－15＝14 (m)

(2)　データの総数が 9 個で奇数だから，真ん中の 21 m

(3)　データの総数が偶数の 10 個の場合は，中央にある 5 番目と 6 番目の 2 つの値の平均値をとって，

(21＋23)÷2＝22 (m)

3　確率はそのことがらの起こりやすさの度合いを表し，実験の回数が多くなると相対度数を確率とみなせるから，

$\frac{380}{2000}=0.19$

6 5 4
D C B A

テストに出る！

5分間攻略ブック

東京書籍版

数学
1年

重要事項をサクッと確認

よく出る問題の
解き方をおさえる

赤シートを
活用しよう！

テスト前に最後のチェック！
休み時間にも使えるよ♪

「5分間攻略ブック」は取りはずして使用できます。

0章 算数から数学へ
1章 ［正負の数］数の世界をひろげよう

教科書 p.10~p.38

何という？

□ 1以外の数で，1とその数自身の積でしか表せない自然数　素数

□ 0より小さい数　負の数

□ 数直線上で，ある数に対応する点と原点との距離　絶対値

どう表す？

□ 200円の収入を＋200円と表すとき，200円の支出　−200円

✽「収入」の反対の性質は「支出」。

不等号を使って表すと？

□ −5と−2　−5＜−2

□ 5，−7，−4　−7＜−4＜5

次の問に答えよう。

□ 自然数は0をふくむ？　ふくまない

□ −1.8にもっとも近い整数　−2

□ −4の絶対値　4

□ 絶対値が6である数　＋6と−6

✽0を除いて，絶対値が等しい数は2つある。

□ 40を素因数分解すると？　2×2×2×5

□ 2+(−8)+(−4)+6を項を書き並べた式で表すと？　2−8−4+6

計算をしよう。

□ (−9)+(−13)＝［−］(9［+］13)
＝［−22］

□ (−9)+(+13)＝［+］(13［−］9)
＝［4］

□ (+9)−(+13)＝(+9)［+］(−13)
＝［−］(13［−］9)＝［−4］

□ (+9)−(−13)＝(+9)［+］(+13)
＝［+］(9［+］13)＝［22］

□ −7+(−9)−(−13)
＝−7［−］9［+］13＝13−7−9
＝13−16＝［−3］

□ 4−(+8)−(−6)+(−5)
＝4［−］8［+］6［−］5
＝4+6−8−5＝10−13＝［−3］

◎ 攻略のポイント

数の大小（数直線）

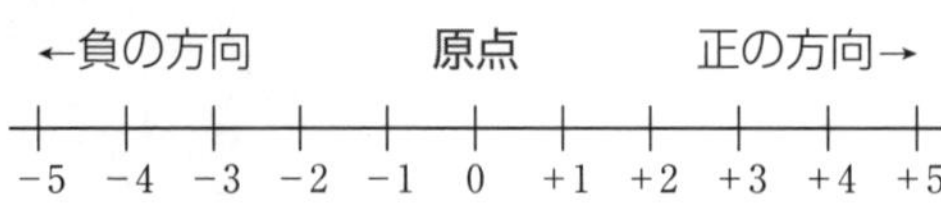

不等号を使って大小を表すときは，
㊦＜㊥＜㊤　㊤＞㊥＞㊦

1章 [正負の数] 数の世界をひろげよう

教科書 p.39~p.57

何という?

□ 同じ数をいくつかかけたもの　累乗

□ 4^5 の5の部分　指数

□ 2つの数の積が1になるとき，一方からみた他方の数　逆数

累乗の指数を使って表すと?

□ $(-3)\times(-3)=$ $\boxed{(-3)^2}$

□ $(-3)\times(-3)\times(-3)=$ $\boxed{(-3)^3}$

計算をしよう。

□ $(-4)\times(-5)=\boxed{+}(4\boxed{\times}5)$
$=\boxed{20}$

□ $(+20)\div(-5)=\boxed{-}(20\boxed{\div}5)$
$=\boxed{-4}$

□ $(-20)\div(+3)=\boxed{-}(20\boxed{\div}3)$
$=\boxed{-\frac{20}{3}}$

□ $(-5)\times0=\boxed{0}$

□ $0\div(-5)=\boxed{0}$

□ $-2^2=-(2\times2)=\boxed{-4}$

□ $(-2)^2=(-2)\times(-2)=\boxed{4}$

□ $(-4)\times3\times(-2)$
$=\boxed{+}(4\times3\times2)=\boxed{24}$

□ $(-4)\div\left(-\frac{2}{3}\right)\times(-3)$
$=(-4)\times\boxed{\left(-\frac{3}{2}\right)}\times(-3)$
$=-\left(4\times\frac{3}{2}\times3\right)=\boxed{-18}$

□ $-3^2-4\times(1-3)$
$=\boxed{-9}-4\times\boxed{(-2)}$
$=-9+8=\boxed{-1}$

□ $(-3)\times2-36\div(-9)$
$=\boxed{-}6\boxed{+}4=\boxed{-2}$

□ $\left(\frac{3}{2}+\frac{2}{3}\right)\times6=\frac{3}{2}\times\boxed{6}+\frac{2}{3}\times\boxed{6}$
$=\boxed{9}+\boxed{4}=\boxed{13}$

✻ $(a+b)\times c=a\times c+b\times c$

□ $13\times4+13\times6=\boxed{13}\times(4+\boxed{6})$
$=13\times\boxed{10}=\boxed{130}$

✻ $c\times(a+b)=c\times a+c\times b$

◎ 攻略のポイント

累乗の計算と四則の混じった式の計算順序

■ $\underline{(-4)^2}=(-4)\times(-4)=16$　　$-\underline{4}^2=-(4\times4)=-16$

　−4を2個かける。　　4を2個かける。

■ $\boxed{(\ )の中・累乗}$ ➡ $\boxed{乗法・除法}$ ➡ $\boxed{加法・減法}$ の順に計算

2章　[文字と式] 数学のことばを身につけよう

教科書 p.62~p.72

文字を使った式の表し方は？

□ 文字の混じった乗法では，記号 × をどうする？　はぶく

□ 文字と数の積では，数と文字のどちらを前に書く？　数

□ いくつかの文字の積は何の順に書くことが多い？　アルファベット順

□ 文字の混じった除法では，記号 ÷ を使わずに，どうする？　分数の形で書く

文字式の表し方にしたがうと？

□ $7\times x$　$7x$

□ $1\times a$　a

□ $(-1)\times a$　$-a$

□ $y\times a\times 5$　$5ay$

□ $(a+b)\times(-6)$　$-6(a+b)$

□ $2\times a-3\times b$　$2a-3b$

□ $x\times(-4)-2$　$-4x-2$

□ $x\times x\times x$　x^3

□ $a\times b\times b\times a\times a$　a^3b^2

□ $a\times 3\times a$　$3a^2$

□ $a\div 5$　$\frac{a}{5}$

□ $4\div x\div y$　$\frac{4}{xy}$

□ $(x-y)\div 2$　$\frac{x-y}{2}$

何という？

□ 式のなかの文字を数におきかえること　代入

□ 式のなかの文字に数を代入して計算した結果　式の値

式の値は？

□ $x=5$ のとき，$2x+3$ の値

➡ $2x+3=2\times5+3$　13

□ $x=-5$ のとき，$-x$ の値

➡ $-x=-(-5)$　5

✲負の数を代入するときは（　）をつける。

□ $x=-3$ のとき，x^2-x の値

➡ $x^2-x=(-3)^2-(-3)=9+3$

12

◎ 攻略のポイント

記号×や÷を使って表すとき

■ $3a^2+\frac{b}{5}$ ➡ $3\times a\times a+b\div 5$

分数はわり算で表す。

$\frac{a+b}{5}$ ➡ $(a+b)\div 5$

分子の $a+b$ はひとまとまりと考え，（　）をつける。

2章 ［文字と式］数学のことばを身につけよう

教科書 p.73~p.85

次の問に答えよう。

□ $6a$ などの文字をふくむ項で，6 を a の何という？ 係数

□ $2x$ や $2x+3$ のように，1 次の項だけか，1 次の項と数の項の和で表されている式を何という？ 1 次式

□ $(2x+3)\times4$ のような 1 次式と数の乗法は，どの計算法則を使って計算する？ 分配法則

□ 分配法則を使って，かっこのない式をつくることを何という？ かっこをはずす

□ 等号を使って数量の間の関係を表した式を何という？ 等式

次の式の項と係数は？

□ $3a-1$

項→ $3a$，-1 　 a の係数→ 3

計算をしよう。

□ $5a+7a=$ $\boxed{12a}$

□ $5x-3x-4x=$ $\boxed{-2x}$

□ $3a+4-a+5=$ $\boxed{2a+9}$

✿文字のある項と数の項はまとめられない。

□ $(a+4)-(2a-3)$

$=a+4\boxed{-2a+3}=\boxed{-a+7}$

□ $2x\times6=\boxed{12x}$

□ $8x\div4=\dfrac{8x}{4}=\boxed{2x}$

□ $12a\div\dfrac{2}{5}=12a\times\boxed{\dfrac{5}{2}}=\boxed{30a}$

□ $3(a-2)=\boxed{3a-6}$

□ $2(a+3)-3(-a+2)$

$=2a+6\boxed{+3a-6}=\boxed{5a}$

文字を使った式で表すと？

□ 底辺 $a$cm，高さ $h$cm の三角形の面積 Scm^2 　 $S=\dfrac{ah}{2}\left(S=\dfrac{1}{2}ah\right)$

□ 半径 $r$cm の円周 ℓcm 　 $\ell=2\pi r$

✿円周率は「π」を使う。
「数→π→アルファベット」の順に書く。

□ 半径 $r$cm の円の面積 Scm^2 　 $S=\pi r^2$

◎ 攻略のポイント

2 種類の文字の式の値

■ $a=3$，$b=-2$ のとき，$2a-3b$ の値 ➡

$2a-3b=2\times a-3\times b$ ←「×」を使って表す。

$=2\times3-3\times(-2)$ ←負の数は（ ）をつけて代入。

$=6+6=12$

3章　［方程式］未知の数の求め方を考えよう

教科書 p.90~p.97

何という？

□ 式のなかの文字に代入する値によって，成り立ったり，成り立たなかったりする等式　方程式

□ 方程式を成り立たせる文字の値　方程式の解

□ 方程式の解を求めること　方程式を解く

✿方程式は，$x=$□ の形に変形することを考えて，解を求める。

□ 等式の一方の辺にある項を，その項の符号を変えて他方の辺に移すこと　移項

等式の性質は？

□ $A=B$ ならば $A+C=$ $B+C$

□ $A=B$ ならば $A-C=$ $B-C$

□ $A=B$ ならば $AC=$ BC

□ $A=B$ ならば $\frac{A}{C}=$ $\frac{B}{C}$ （ただし，$C \neq 0$）

✿$C \neq 0$ は，C が 0 でないことを表す。

□ 等式の両辺を入れかえても等式は成り立つ。$A=B$ ならば $B=A$

移項しよう。

□ $x-7=-5$

$x=-5$ $+7$

✿移項するときは，符号に注意する。

□ $3x-5=2x+3$

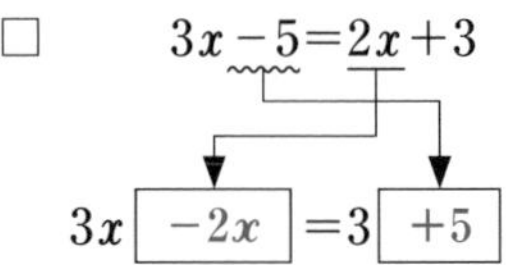

$3x$ $-2x$ $=3$ $+5$

方程式を解こう。

□ $3x-5=4$

$3x=4$ $+5$

$3x=9$

$x=3$

□ $2x+4=-2$

$2x=-2$ -4

$2x=-6$

$x=-3$

□ $3x-5=-7x+4$

$3x+7x=4$ $+5$

$10x=9$

$x=\frac{9}{10}$

□ $2x+4=3x-2$

$2x-3x=-2$ -4

$-x=-6$

$x=6$

◎ 攻略のポイント

方程式の解き方

1 x をふくむ項を左辺に，数の項を右辺に移項する。

2 $ax=b$ の形にする。

3 両辺を x の係数 a でわる。

$4x-3=2x+5$
↓ 1
$4x-2x=5+3$
↓ 2
$2x=8$
↓ 3
$x=4$

3章 ［方程式］未知の数の求め方を考えよう

教科書 p.98~p.109

方程式を解くときに注意することは？

□ かっこがあるとき　かっこをはずす

□ 係数に小数をふくむとき

10，100 などを両辺にかける

□ 係数に分数をふくむとき

分母の公倍数を両辺にかける

何という？

□ 分数をふくむ方程式で，分母の公倍数を両辺にかけて分数をふくまない形に変形すること　分母をはらう

□ 移項・整理して，(1 次式)=0 の形に変形できる方程式　1 次方程式

方程式を解こう。

□ $4(x+1)=3x-2$

$\boxed{4x+4}=3x-2$

かっこをはずす

$4x\boxed{-3x}=-2\boxed{-4}$

$\boxed{x=-6}$

□ $0.5x+0.3=0.2x-0.7$

$\boxed{5x+3}=2x-7$

両辺に 10 をかける

$5x\boxed{-2x}=-7\boxed{-3}$

$3x=-10$

$\boxed{x=-\frac{10}{3}}$

□ $\frac{2}{3}x-1=\frac{1}{2}x$

$\boxed{4x-6}=3x$

両辺に 6 をかける

$4x-3x=6$

$x=\boxed{6}$

比例式とは？

□ $a:b$ で表された比で，$\frac{a}{b}$ を何という？　比の値

□ 比例式 $a:b=m:n$ の性質は？

$an=bm$

比例式で，x の値を求めよう。

□ $(x-3):2=x:3$

$(x-3)\times\boxed{3}=2\times\boxed{x}$

$\boxed{3x-9}=2x$

$3x-2x=9$

$x=\boxed{9}$

◎ 攻略のポイント

方程式を使って問題を解く手順

1. 何を x で表すかを決め，問題にふくまれている数量を，x を使って表す。
2. 数量の間の関係を見つけて方程式をつくり，その方程式を解く。
3. 方程式の解が問題に適しているか確かめて，答えとする。

4章 〔比例と反比例〕数量の関係を調べて問題を解決しよう

教科書 p.114~p.131

何という？

□ いろいろな値をとる文字　変数

□ 変数のとりうる値の範囲　変域

□ 一定の数やそれを表す文字　定数

□ ともなって変わる2つの変数 x, y の関係が, $y=ax$（a は定数）で表されること　y は x に比例する

□ 比例の式 $y=ax$ の定数 a のこと　比例定数

□ y が x に比例し, $x \fallingdotseq 0$ のとき, $\frac{y}{x}$ の値は一定で, 何と等しい？　比例定数

どう表す？

□ 変域は何を使って表す？　不等号

□ x の変域が3より大きいこと

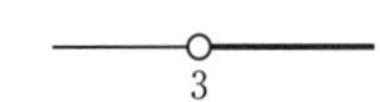

$3<x$

●はふくむ, ○はふくまないことを表す。

□ x の変域が4以上8未満であること

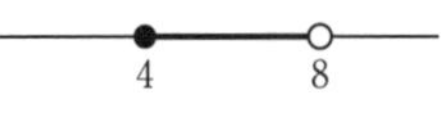

$4 \leqq x < 8$

比例の式を求めよう。

□ y が x に比例し, $x=2$ のとき $y=6$ である。y を x の式で表すと？

➡ 比例定数を a とすると, $y=ax$ と表せる。$x=2$, $y=6$ を代入して, $6=a\times2$ より $a=3$　$y=3x$

座標について答えよう。

□ x 軸（横軸）, y 軸（縦軸）を合わせて何という？　座標軸

□ 座標を表す (a, b) の a や b は何を表す？　a…x 座標　b…y 座標

□ 下の図の①, ②, ③を何という？

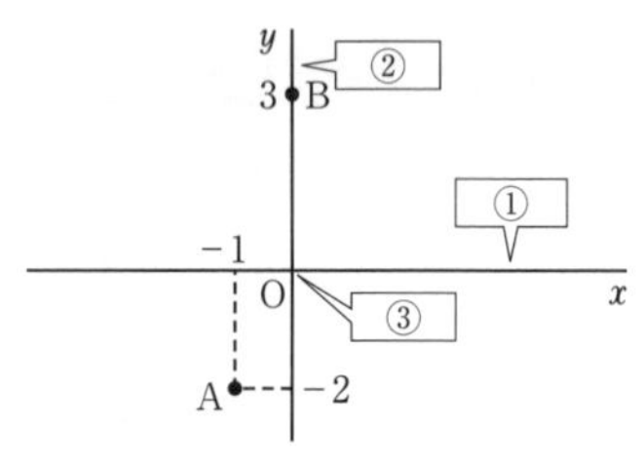

① x 軸　② y 軸　③原点

□ 上の図の点Aと点Bの座標は？

A$(-1, -2)$　B$(0, 3)$

◎ 攻略のポイント

比例のグラフ

1 $y=ax$ のグラフは, 原点を通る直線

2 $a>0$ のとき右上がりのグラフ

3 $a<0$ のとき右下がりのグラフ

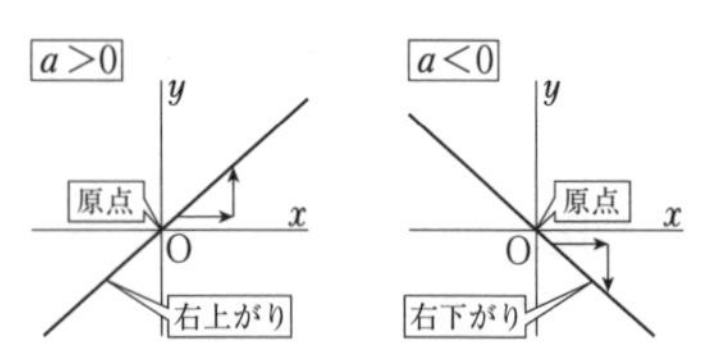

4章 ［比例と反比例］数量の関係を調べて問題を解決しよう

比例のグラフを求めよう。

□ $y=3x$ のグラフは右の図の①～③のどれ？

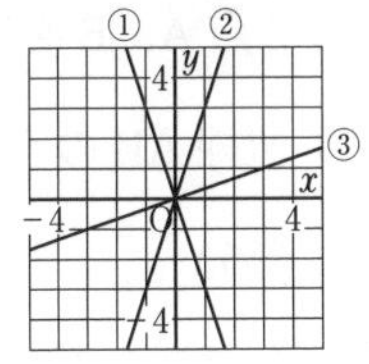

②

✽比例のグラフは，原点を通る直線である。$y=3x$ のグラフは，$x=1$ のとき $y=3$ だから，原点と $(1,\ 3)$ を通る直線になる。

何という？

□ ともなって変わる2つの変数 x，y の関係が，$y=\frac{a}{x}$（a は定数）で表されること　y は x に反比例する

□ 反比例の式 $y=\frac{a}{x}$ の定数 a のこと　比例定数

□ y が x に反比例するとき，x と y の積 xy は一定で，何と等しい？　比例定数

□ $y=\frac{a}{x}$（a は定数）のグラフで，なめらかな2つの曲線のこと　双曲線

反比例の式を求めよう。

□ y が x に反比例し，$x=2$ のとき $y=6$ である。y を x の式で表すと？

➡比例定数を a とすると，$y=\frac{a}{x}$ と表せる。$x=2$，$y=6$ を代入して，$6=\frac{a}{2}$ より $a=12$　$y=\frac{12}{x}$

反比例のグラフをかこう。

□ $y=\frac{4}{x}$ のグラフを右の図にかくと？

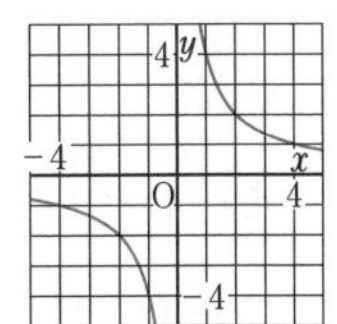

✽反比例のグラフは，双曲線になる。$y=\frac{4}{x}$ が成り立つような x，y の値の組を座標とする点をいくつかとって，なめらかな曲線でかく。ここでは，$(1,\ 4)$，$(2,\ 2)$，$(4,\ 1)$，$(-1,\ -4)$，$(-2,\ -2)$，$(-4,\ -1)$ を通る曲線になる。

座標は，x 座標，y 座標の順に書くことに注意しよう！

◎ 攻略のポイント

反比例のグラフ

$y=\frac{a}{x}$ のグラフは，右上と左下，または左上と右下の部分にあり，限りなく x 軸，y 軸に近づくが，交わることはない。

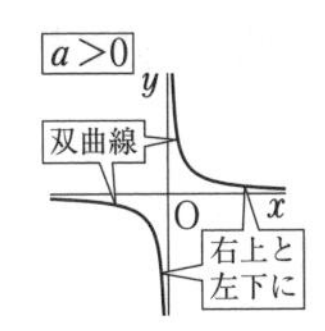

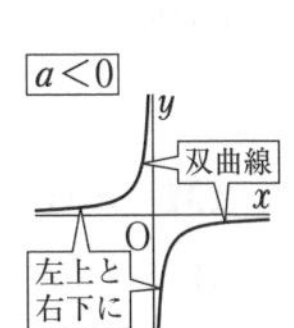

5章 [平面図形] 平面図形の見方をひろげよう

教科書 p.154~p.172

次の移動を何という？

□ 右の図のように，図形を，一定の方向に，一定の距離だけ動かす移動　平行移動

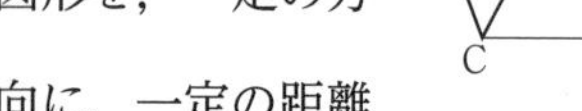

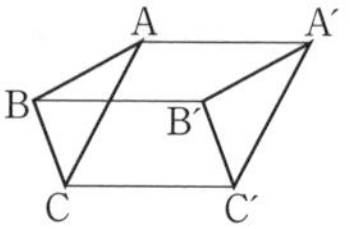

✽AA′＝BB′＝CC′

✽AA′//BB′//CC′　←「//」は平行を表す。

□ 右の図のように，図形を，ある点Oを中心として一定の角度だけ回転させる移動　回転移動

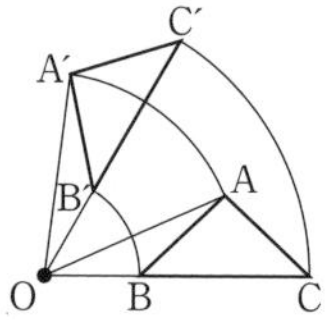

✽∠AOA′＝∠BOB′＝∠COC′

✽点Oを「回転の中心」という。

□ 右の図のように，図形を，ある直線 ℓ を折り目として折り返す移動　対称移動

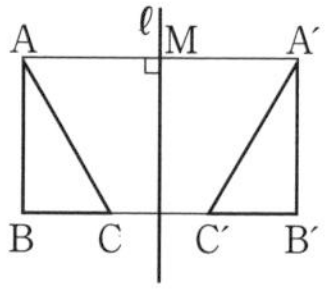

✽AM＝A′M　AA′⊥ℓ　←「⊥」は垂直を表す。

✽直線 ℓ を「対称の軸」という。

何という？

□ 2点A，Bを通る直線　直線AB

□ 直線ABのうち，AからBまでの部分　線分AB

□ 線分ABをBのほうへまっすぐにかぎりなくのばしたもの　半直線AB

□ 2直線が垂直であるとき，一方の直線から見た他方の直線のこと　垂線

□ 線分を2等分する点　中点

□ 線分の中点を通り，その線分に垂直な直線　垂直二等分線

□ 右の図の①，②

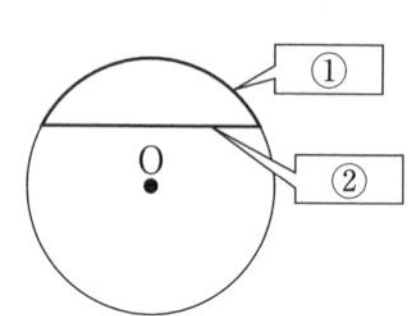

①弧　②弦

□ 右の図の線分PQの長さ

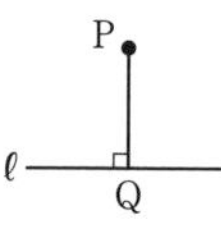

（点Pと直線 ℓ との）距離

◎ 攻略のポイント

垂直二等分線

■ $AM=BM=\frac{1}{2}AB$

■ AB⊥ℓ（AB⊥CD）

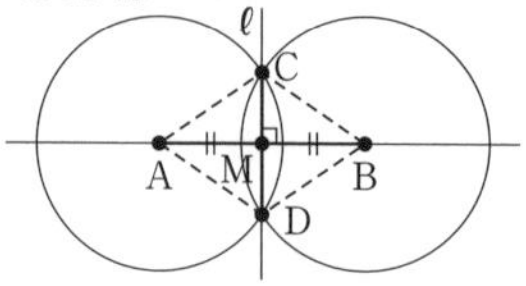

※四角形ADBCは，AC＝AD＝BC＝BDよりひし形になる。ひし形の対角線を考えるといろいろな関係がわかる。

5章 ［平面図形］平面図形の見方をひろげよう

教科書 p.165~p.181

どう作図する？

□ 直線 ℓ 上にない点Pを通る垂線

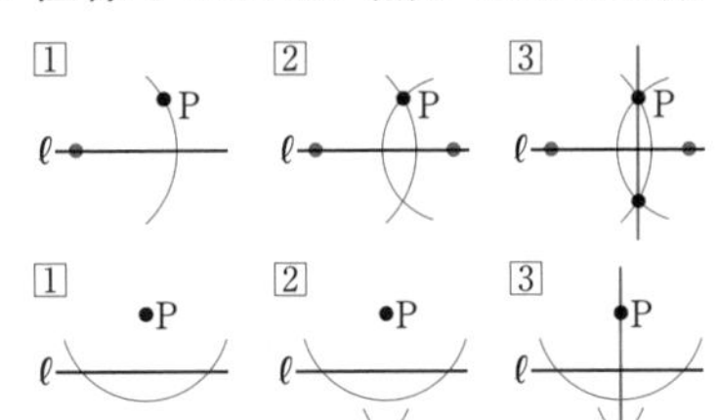

□ 線分ABの垂直二等分線

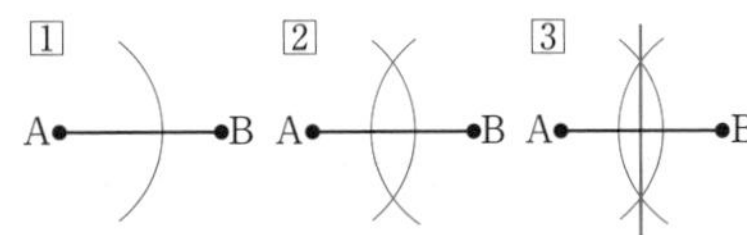

□ ∠AOBの二等分線

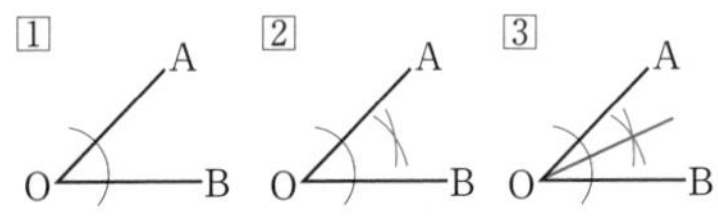

□ 直線 ℓ 上の点Pを通る垂線

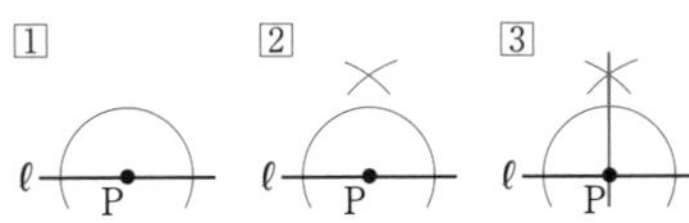

次の問に答えよう。

□ 線分の垂直二等分線上の点から線分の両端までの距離は等しい？　等しい

□ 角の二等分線上の点から角の2辺までの距離は等しい？　等しい

□ 円の弦の垂直二等分線は，円のどこを通る？　中心

□ 直線が円と1点だけで出あうとき，この直線を円の何という？　接線

□ 円の接線と接点を通る半径はどのように交わる？　垂直

おうぎ形について答えよう。

□ 1つの円では，おうぎ形の弧の長さや面積は何に比例する？　中心角

□ 半径 r，中心角 $a°$ のおうぎ形の弧の長さを ℓ，面積を S とすると，ℓ と S を求める式は？

$$\ell=2\pi r\times\frac{a}{360}\qquad S=\pi r^2\times\frac{a}{360}$$

✻半径 r のおうぎ形の弧の長さや面積がわかっているときの中心角 $a°$ の求め方は，同じ半径の円の周の長さや面積の何倍かで考えるか，方程式にして求める。

◎ 攻略のポイント

作図の利用

- 30°の角の作図 ➡ 正三角形をかいてから，ひとつの角（60°）の二等分線をひく。
- 45°の角の作図 ➡ 垂線をかいてから，その角（90°）の二等分線をひく。
- 円の接線の作図 ➡ 接点を通り，接点と円の中心を結ぶ直線の垂線をひく。

6章　［空間図形］立体の見方をひろげよう

教科書 p.188～p.195

何という？

□ 平面だけで囲まれた立体　多面体

□ へこみのない多面体で，どの面もすべて合同な正多角形で，どの頂点にも面が同じ数だけ集まっているもの　正多面体

角柱や角錐の面の形は？

□ 角柱の底面と側面の形は？　底面…多角形　側面…長方形

□ 角錐の底面と側面の形は？　底面…多角形　側面…三角形

□ 円柱や円錐の底面は平面であるが，側面の形は？　曲面

次の立体の名前は？

□ 底面が三角形である角柱　三角柱

□ 底面が正方形で，側面がすべて合同な長方形である角柱　正四角柱

✽正四角柱は，四角柱の特別な形で，直方体と同じ立体である。

□ 底面が四角形である角錐　四角錐

□ 底面が正三角形で，側面がすべて合同な二等辺三角形である角錐　正三角錐

□ 右の㋐や㋑のような立体

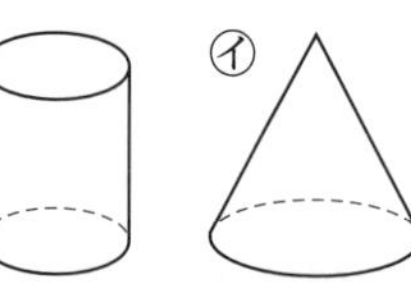

㋐円柱　㋑円錐

次の条件は？

□ 1つの直線上にない何点がわかれば，平面は1つに決まる？　3点

次の位置関係は？

□ 空間内で，交わらない2つの平面　平行

P
Q

□ 空間内で，直線と平面が出あわないときの直線と平面　平行

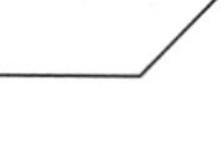

◎ 攻略のポイント

正多面体

正四面体，正六面体，正八面体，正十二面体，正二十面体の5種類がある。

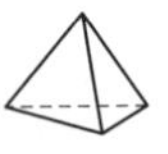

正四面体

正六面体（立方体）

正八面体

正十二面体

正二十面体

6章 ［空間図形］立体の見方をひろげよう

教科書 p.195~p.208

次の位置関係は？

□ 1つの平面上にあって交わらない2つの直線　平行

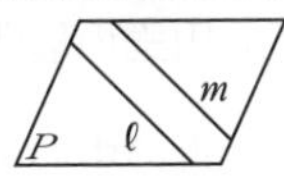

□ 空間内で，平行でなく交わらない2つの直線　ねじれの位置

□ 平面Pと交わる直線 ℓ が，その交点Oを通る平面P上の2つの直線に垂直のとき，直線 ℓ と平面P　垂直

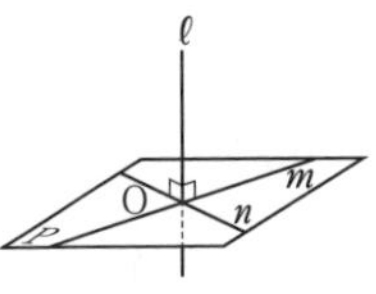

□ 角柱や円柱の2つの底面　平行

何という？

□ 右の図の線分AHの長さ　（点Aと平面Pとの）距離

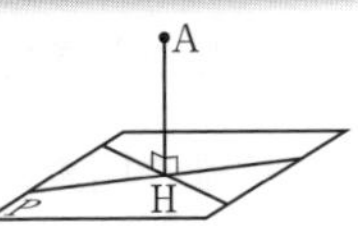

□ 1つの直線を軸として平面図形を回転させてできる立体　回転体

□ 円柱や円錐の側面をえがく線分　母線

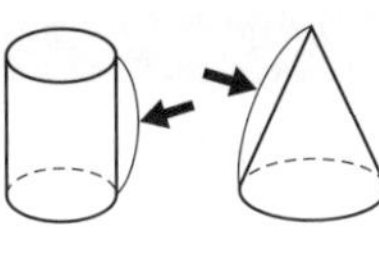

✽円柱では，母線の長さが高さになる。

□ 立体を，立面図と平面図で表した図　投影図

✽立体は見取図や展開図で表すこともある。

どんな立体？

□ 半円を，その直径を軸として回転させてできる立体　球

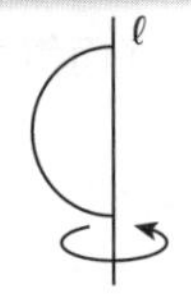

□ 右の投影図が表している立体　三角錐

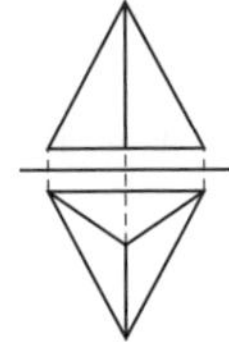

□ 右の投影図が表している立体　円柱

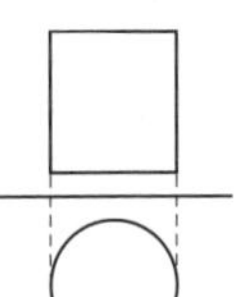

◎ 攻略のポイント

ねじれの位置の見つけ方

■平行でなく，しかも交わらない直線だから，まずは，平行な直線と交わる直線を調べるとよい。

（例）

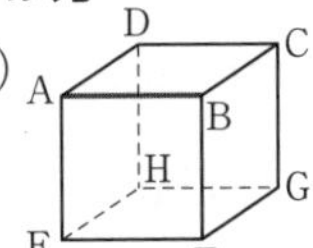

左の立方体で辺ABとねじれの位置にある辺は？

➡ 辺EH，FG，DH，CG

6章 ［空間図形］立体の見方をひろげよう

教科書 p.209~p.217

何という？

□ 立体のすべての面の面積の和　表面積

□ 立体の側面全体の面積　側面積

□ 立体の１つの底面の面積　底面積

三角柱の展開図で，次の面はどこ？

□ 側面積を求めるための面　㋑，㋒，㋓

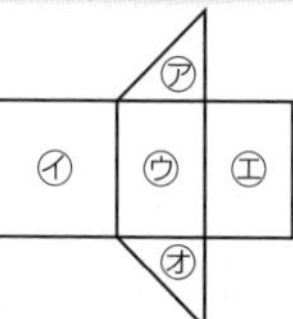

□ 底面積を求めるための面　㋐(㋔)

次の問に答えよう。

□ 円柱の展開図で，側面になる長方形の横の長さ（高さではない辺）は，円柱の底面のどの長さに等しい？　円周（円の周の長さ）

□ 円錐の展開図で，側面になるおうぎ形の弧の長さは，円錐の底面のどの長さに等しい？　円周（円の周の長さ）

円錐について答えよう。

□ 円錐の展開図で，側面になるおうぎ形の中心角は，

$$360^\circ \times \frac{(\text{底面の円周})}{(\text{母線の長さを半径とする円の円周})}$$

で求められるから，右の円錐の展開図で，側面になるおうぎ形の中心角は？　240°

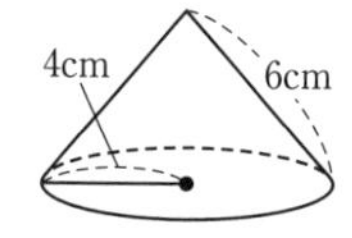

❀ $360^\circ \times \frac{2\pi \times 4}{2\pi \times 6} = 360^\circ \times \frac{2}{3} = 240^\circ$

□ 上の円錐の側面積は，半径 6cm の円の面積の何倍になる？　$\frac{2}{3}$ 倍

体積や表面積を求める公式は？

□ 角柱や円柱の底面積を S，高さを h としたときの体積 V　$V=Sh$

□ 角錐や円錐の底面積を S，高さを h としたときの体積 V　$V=\frac{1}{3}Sh$

□ 半径 r の球の体積 V　$V=\frac{4}{3}\pi r^3$

□ 半径 r の球の表面積 S　$S=4\pi r^2$

◎ 攻略のポイント

表面積と体積

■角柱・円柱 ➡ 体積＝(底面積)×(高さ)　　表面積＝(側面積)＋(底面積)×2

■角錐・円錐 ➡ 体積＝$\frac{1}{3}$×(底面積)×(高さ)　　表面積＝(側面積)＋(底面積)

7章 [データの分析と活用] データを活用して判断しよう

教科書 p.222~p.229

何という？

□ 最初の階級からその階級までの度数を合計したもの　累積度数

□ ヒストグラムで，おのおのの長方形の上の辺の中点を結んだ折れ線　度数折れ線

□ 各階級の度数の，度数の合計に対する割合　相対度数

次の問に答えよう。

□ 下の度数分布表を完成させると？

時間(分)	度数(人)	累積度数(人)
以上　未満		
10～20	3	3
20～30	9	12
30～40	12	24
40～50	6	30
合計	30	

累積度数を求めるときは，前の階級の累積度数とその階級の度数をたすといいよ。

□ 左下の度数分布表からヒストグラムと度数折れ線をかくと？

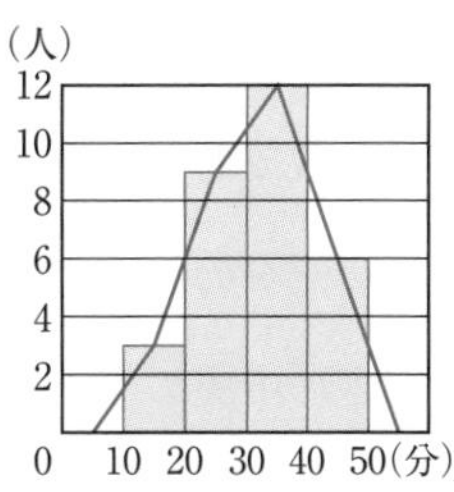

❋ヒストグラムは，横の長さが階級の幅，縦の長さが各階級の度数を表す長方形をかいたグラフである。また，ヒストグラムの各長方形の上の辺の中点を結んで，度数折れ線をかく。

□ 左の度数分布表で，20分以上30分未満の階級の相対度数は？

❋9÷30＝0.30　　0.30

□ 左の度数分布表で，20分以上30分未満の階級の累積相対度数は？

❋3÷30＝0.10
0.10＋0.30＝0.40　　0.40

❋累積相対度数は，その階級の累積度数を度数の合計でわって求めることもできる。
12÷30＝0.40

◎ 攻略のポイント

度数分布表

度数分布表…データをいくつかの階級に分けて整理した表。

階級…データを整理するための区間。　　階級の幅…区間の幅。

度数…各階級に入るデータの個数。

7章 ［データの分析と活用］データを活用して判断しよう

教科書 p.230~p.239

何という？

□ 階級の真ん中の値　階級値

□ 個々のデータの値の合計をデータの総数でわった値　平均値

□ データの値を大きさの順に並べたときの中央の値　中央値（メジアン）

✿データの総数が偶数の場合は，中央にある2つの値の平均値を中央値とする。

□ データの中で，もっとも多く出てくる値　最頻値（モード）

✿度数分布表では，度数のもっとも多い階級の階級値を最頻値とする。

□ 最大値から最小値をひいた値　範囲（レンジ）

✿（範囲）＝（最大値）－（最小値）

□ あることがらが起こると期待される程度を数で表したもの　確率

同じ実験や観察をくり返して相対度数が近づく値を，確率として考えるよ。

次のデータを見て答えよう。

通学時間（分）

7	10	14	14	14
15	15	20	25	26

□ データの合計は160分である。平均値は？

✿$160 \div 10 = 16$　16分

□ 中央値は？

✿$\frac{14+15}{2} = 14.5$　14.5分

□ 最頻値は？　14分

□ 分布の範囲は？

✿$26 - 7 = 19$　19分

次の問に答えよう。

□ あるびんのふたを1000回投げたところ，480回上向きになった。このとき，ふたが上向きになる確率はどの程度と考えられる？

0.48

✿（上向きになる相対度数）$= \frac{480}{1000} = 0.48$

◎ 攻略のポイント

代表値の性質

全体の分布からはずれた極端な数値があるとき，次のような性質がある。

◆平均値はその値に大きく影響を受ける。

◆中央値や最頻値はあまり影響を受けない。